情绪疗愈

林文采情绪疏放
18讲

[马来西亚] 林文采 ——— 著

上海社会科学院出版社
SHANGHAI ACADEMY OF SOCIAL SCIENCES PRESS

图书在版编目（CIP）数据

情绪疗愈：林文采情绪疏放18讲/（马来）林文采著.—上海：上海社会科学院出版社，2024
ISBN 978-7-5520-4268-9

Ⅰ.①情… Ⅱ.①林… Ⅲ.①情绪—自我控制—通俗读物 Ⅳ.①B842.6-49

中国国家版本馆CIP数据核字（2023）第220564号

情绪疗愈：林文采情绪疏放18讲

著　　者：[马来西亚]林文采
责任编辑：杜颖颖
特约编辑：刘红霞
封面设计：今亮后声·张张玉　白今
出版发行：上海社会科学院出版社
　　　　　上海市顺昌路622号　邮编200025
　　　　　电话总机 021-63315947　销售热线 021-53063735
　　　　　https://cbs.sass.org.cn　E-mail：sassp@sassp.cn
印　　刷：河北鹏润印刷有限公司
开　　本：889毫米×1194毫米　1/32
印　　张：6
字　　数：100千
版　　次：2024年1月第1版　2024年5月第2次印刷

ISBN 978-7-5520-4268-9/B·342　　　　　　　　　定价：59.80元

版权所有　翻印必究

目录
Contents

引言 做自己情绪的主人 / i

第一部分 情绪管理

第 1 讲 舒服情绪的能量 /003

第 2 讲 不舒服情绪的能量 /012

第 3 讲 情绪平衡与生命力 /021

第 4 讲 舒放情绪的方法之一：表达法 /029

第 5 讲 舒放情绪的方法之二：动能法 /039

第 6 讲 舒放情绪的方法之三：声能法 /050

第 7 讲 舒放情绪的方法之四：生理反馈法 /057

第 8 讲 情绪与感受的区别 /065

第 9 讲 情绪的本质：无对错 /074

第 10 讲 通过情绪觉察自己 /082

第二部分 找出深层情绪的源头

第 11 讲　处理深层情绪：面对原生家庭　/095

第 12 讲　做自己的父母　/104

第 13 讲　处理深层情绪：面对生命中的创伤　/111

第三部分 成年人也需要心理营养

第 14 讲　心理营养的五大要素　/123

第 15 讲　成年人也需要心理营养　/129

第 16 讲　看见自己的感受　/138

第 17 讲　学习一致性沟通　/150

第 18 讲　人际沟通的层次　/160

结　语　成为一个情绪稳定的人　/171

引 言
做自己情绪的主人

"情绪"这个词,本身已经成为很多人的情绪触发器。一看到这两个字,大家便会生出一股烦躁的情绪:谁不想做一个情绪好的人?!谁不想做一个能够控制自己情绪的人呢?!但我就是做不到啊!

这本书就是来帮你破解这个难题的。

现在,请先放下所有对"情绪"一词的情绪,听我讲一个小故事。

这是一个真实的案例。有一个单亲家庭,妈妈在儿子很小的时候便离家而去,剩下爸爸独自把儿子抚养长大。爸爸每天下班后都会去喝酒,喝醉回到家里,就会对儿子又打又骂。这样的状况持续了很多年。有一天傍晚，爸爸像往常一样喝得醉醺醺地回到家，他看到儿子正在吃饭，便又开始发脾气。他大声骂道："你为什么开着灯？以为你老子很有钱啊？！"然后边骂边把灯关掉，"你知不知道赚钱多辛苦？！"在平常，儿子都是一句话都不说默默忍下。但那一天，不知为什么，他站起身来，看了看爸爸，然后把灯打开了。

这个举动瞬间让老爸暴跳如雷，哇哇大叫："你长大了，翅膀硬了，不听话了！"说完便冲到屋外，拿了铲子进来，照着儿子就打。儿子一下子就把铲子抢过来，反过来对着爸爸打，打，打……直到他意识到爸爸没有声音了才清醒过来。他停下手，看到爸爸已经满头是血，吓得跑去找邻居。爸爸被邻居们送到了医院，但最终还是死了——被儿子打死了。

这件事在社会上引起很大争论。有的人觉得爸爸不该回家就打骂孩子，有的人觉得孩子不孝，无论如何不该做出这样的事情。

在法庭上，儿子的辩护律师向法官陈情："他确实是做了很不应当的事情。但我想请法官看一看这个孩子：他从小没有妈妈，爸爸忙工作没有时间教育他。但是这个孩子自己成长得非常好。他凭借自己的努力考上很好的大学，每年都拿全额奖学金。他在成长过程中也从没有过任何暴力倾向和行为。发现爸爸倒地后，他第一时间把爸爸送到医院并向警方自首。我希望法官能够看在这些事实的情况下，从轻判决。"

接下来，我想跟大家分享这个案件的重点，那便是法官的意见。法官在长长的判词里讲道："这个男孩身上发生的事情，是很多人都会遇到的。我们可能会因为被嘲笑、被欺负、被虐待等原因，积攒下很多情绪，而这些情绪可能会在某一天，向着某个无关的环境，或者某些无辜的人发泄。当这种发泄产生了相当大的后果时，我们必须回答一个问题：一个人身体里的各种情绪可能是由他人引发的，但这些情绪带来的后果，该由谁买单？"

法官继续说："我认为，应该是这个人自己买单。因为没有人知道你遭遇过什么，面对过什么，只有你自己知道，也只有你自己最清楚自己有什么情绪。因此，每个人都需要为自己的情绪负责，否则的话，这个社会就太不安全了。设想一下，你走在路上，完全不知道身边这些人带有什么样的情绪。这当中如果有人不能控制好自己的情绪，你便和其他人一起都成为无辜的受害者。"

讲这个案例，我想告诉大家关于情绪的第一个要点：我们需要为自己的情绪负责。

我们的情绪有很多成因：有人对我不好，有人对我不公平，有人嘲笑我，有人欺负我……但所有这些遭遇和积攒起来的情绪，只有我们自己知道。因此，如果有一天我们的情绪失控了，那个需要为后果负责的人，是并且只能是我们自己。也正因为此，情绪管理的课程才如此重要，因为我们每个人都多多少少会遇到不快乐、不舒服，甚至是痛苦、悲伤的事情，会积累起很多情绪，但我们终归要为自己的情绪负责。

在这本书里，我会跟大家分享，如何成为一个能够管理情绪的人，如何对自己的情绪负责。从本质上来讲，情绪是没有办法控制的，而我们能够学习的，是如何面对自己的情绪。

在第一部分里，我会帮大家认清情绪究竟是什么，情绪到来的时候我们该怎么做，也就是通常所说的情绪管理。所以开始的几讲，我会带领大家去识别那些我们经常遇到的情绪，了解它们是如何作用于我们的身体的，带大家解读不同的情绪，并且给出有针对性的舒放方法。这些方法已经在真实的案例中被验证有效，它们既可以帮到我们自己，也可以用来协助我们帮孩子舒放情绪。

当然，我知道很多人在读了很多书，参加了很多课程之后，发现自己的情绪依然非常不稳定。因为他们虽然了解到情绪是什么，知道处理情绪的方法，但仍然不能管理好情绪。这将是我们在本书第二部分中解决的课题：<u>找出深层情绪的源头</u>。当我们学习了很多情绪管理的知识，但情绪仍旧不稳定的时候，就要去看看自己深层情绪的源头在哪儿。一般来说，深层情绪最大的源头就是原生家庭。

什么叫作原生家庭？最简单的说法就是一个人和自己的爸爸、妈妈以及其他主要养育者的关系怎么样。如果你和父母之间有很多纠结，有很多"未了情"，比如没有说出的话，没能获得的滋养，永远得不到的公平，总也争取不到的自由，等等，那么你的心自然就无处安放，情绪也就无论如何都无法平静下来。在这种情况下，你即便看过很多书，学习了很多情绪管理的课程，也都很难派上用场。你要做的是处理自己和父母的关系。所谓处理，并不是说一定要去原谅啊，接纳啊，而是要学习如何面对原生家庭积累下来的各种情绪，让自己的心能够平静下来。

如果做完这一步，你发现自己还是有很多情绪，那么我们便需要<u>寻找深层情绪的另一个源头</u>，我们要回看自己生命中是否发生过创伤性的事件，尽力走出心理创伤。什么算是心理创伤事件呢？它可能是天灾，可能是人祸。当这个创伤事件发生时，我们的身体没有办法承受它引发的情绪，于是这些情绪便积累到大脑的边缘系统。日后，只要接触到一点相关信息，或者看到相似的人，遇到类似的事，这种情绪就会被激发，整个人会变得敏感甚至失控。有些人之所以情绪始终不能稳定，便是因为他的生命中有过创伤事件。

创伤事件通常来说分为两大类。对女性而言，她们的创伤事件往往是被性侵，或者从小被家庭严重忽视，没有得到过足够的重视。而对男性而言，创伤事件往往指向被欺负、被霸凌的经历。创伤事件发生的时候，我们可能看不出他们有什么异常的表现。但随着这些孩子慢慢长大，事件所带来的情绪会悄悄地、不断地积累。一旦他们在某些事情上遭遇反对或者批评，这种情绪便会不由自主地被触发。

如同身体上的伤口需要治疗一样，创伤事件留在心理上的伤口也是必须治疗的。这种治疗可以通过找心理咨询师或者参加特别的创伤治疗课程来完成。

如果一个人在学习了情绪管理的方法，处理了和父母的关系，疗愈了创伤事件之后，发现自身的情绪仍然非常不稳定，那么他便需要完成第三部分的学习——学习做自己的好爸爸或是好妈妈，给自己心理营养。

关于"心理营养"的含义、构成以及获取方式，大家可以通过我的另一本著作《心理营养》来完整了解和学习。在这里，我只简单地给大家解释这个概念：心理营养，就是我们无条件地接纳自己，重视自己，给自己肯定、赞美和认同，给自己安全感。

我先教给大家一个最简单、最直接的给自己心理营养的方法：21天打卡法。

打卡的意思大家都知道，但这里是要打什么卡呢？打"自我肯定卡"。具体的方式就是在每天睡觉前，拿出些时间想一下，这一天里我说了哪些话，或是做了哪件事，是可以获得自我肯定的。注意，这里并不需要很大的成就或者多么耀眼的成绩。它只需要你在每天的日常生活里，看到一个值得欣赏的自己。比如说今天感到烦躁的时候，我去买了一束小花，或者通过一场运动舒放了自己的情绪。或者是看到一个小孩子跌倒之后我把他扶起来，或是清早起来给自己制定了全天计划并且逐一实现了它们……就是这些看起来似乎很小的事情，但我们可以通过它们来欣赏和肯定自己。

每一天给自己打一张"自我肯定卡",至少坚持21天。通过这种方式,慢慢地练习,逐渐形成一个习惯。这是给自己做心理营养的最简单、最容易的第一步。至于更多的心理营养以及获取方式,我会在本书中陆续和大家分享。

第一部分 情绪管理

没有人可以操控我的情绪，
我可以做自己情绪的主人。

第1讲
舒服情绪的能量

我们想要做好情绪管理，第一件事就是先要搞清楚，情绪到底是什么？它的力量为何如此之大？我想要告诉你们的是，任何情绪——请注意，是任何情绪——无论是让你感觉舒服的情绪，还是让你感觉不舒服的情绪，它们都会产生很大的能量。

情绪是能量，要么被使用，要么被舒放

说到能量，我们会想到什么呢？第一，能量一定是可以被使用的，舒服的情绪对我们有用，不舒服的情绪对我

们也很有用。第二，能量是无法被消灭的，如果它们没能被使用掉，便会储藏在我们身体的肌肉里，因此我们需要把它们释放出去。

简单来说，就是能用就用，不能用则一定要释放出去。如果情绪没有被释放出去，就会停留在我们的肌肉里，那么最直接伤害的就是我们的身体健康。我们会看到很多人，他们还不到40岁，但全身上下从头到脚各种痛。这些疼痛从哪里来的？其实就是从他们的肌肉里来的，来自那些没有被舒放出去的情绪。

情绪能量停留在我们身体里，攻击的第一个目标就是我们的消化系统。如果你感觉自己是一个情绪积累很多的人，可以回想一下你的消化系统是不是总出问题？

第二个容易受到攻击的目标就是皮肤。我们发现，那些情绪很多的人，整个身体看起来好好的，但是他们往往会有一大块、一大块的皮肤病。情绪堆积得越多，皮肤问题就会越严重。很多皮肤科医生都了解这一点，当他们发现某位患者皮肤问题很多的时候，通常会同时了解患者的情绪状况。

情绪能量经常攻击的第三个目标，是一个人的内分泌系统，而这也是情绪带给身体的最严重伤害。情绪对内分泌系统的影响，主要是造成激素分泌紊乱。

通常情况下，我们的身体是借助激素来平抑情绪的。但一个人情绪累积过多的时候，就会反过来造成激素紊乱，尤其是当这个人处于青春期、孕期、更年期等特殊阶段，或者是即将接受一个很大的手术时，这些阶段里新陈代谢会加倍，激素就会严重缺乏。而我们的身体有一个特性，当它感觉激素分泌不足的时候，会去其他部位抢夺它所需要的生化物质。去哪里抢呢？去大脑的神经传导素里面抢！这也就是为什么很多人情绪遇到问题时，最终受影响的是他们的大脑，表现出来的症状是专注力缺失，记忆力下降，严重的时候会导致精神疾病。

所以，我们必须学习怎样去使用情绪产生的能量。

令人舒服的情绪，能够燃烧我们的生命力

在这里我要强调一下，我们在给情绪分类的时候，不要说"正面的情绪"或"负面的情绪"，这会让我们把一些情绪划分为不好的情绪，不能够接纳它们。其实情绪没有好与不好，只是我们身体的一种感受，所以只有舒服或

是不舒服之分。

舒服的情绪通常包括快乐、兴奋、有趣、美妙，或者是各种被滋养。什么叫被滋养？比如说有人爱我，肯定我，赞美我，重视我，那么我就感觉到被滋养。这就是一种舒服的情绪。

我们想象一下，当一位爸爸工作非常累，已经感觉整个人都没有力气了，突然看到孩子发来信息说"爸爸，你辛苦了，我好爱你"，他便会立刻感到充满力量。对不对？再想象一下，当一个人在谈恋爱的时候，似乎每一天都感觉自己活力满满。为什么呢？因为他觉得自己被爱、被欣赏。所以，被滋养是可以产生很多舒服的情绪的。

按照我们刚刚讲过的，这些快乐、兴奋、有趣、美妙和被滋养的情绪，都会产生大量的能量。那么，这些能量去哪里了呢？它们直接转化成我们可以燃烧的生命力。这也是为什么，当我们感觉被爱、被欣赏，感觉到快乐、兴奋、有趣的时候，就会感觉身体充满能量，有用不完的生命力！

所以，如果一个人的工作刚好就是他喜欢的事情，那是最理想的状况。每天工作的时候，他都能够感觉到快乐和兴奋。其次，就是这项工作能够让他感觉被肯定、被欣赏、被重视，那么即使工作本身非常累，但这个人的心里仍旧充满活力。

讲到这里，大家就很容易搞清一件事，为什么那么多人——不只是青少年和儿童，还有很多很多的成年人——那么爱玩手机游戏。因为手机游戏恰恰能够带给玩家快乐、兴奋、有趣和美妙。甚至，当你闯过一关之后获得系统的奖赏，靠前的排名，朋友的点赞和祝贺时，都能够感受到浓浓的被滋养的舒服……人们自然很容易沉迷于游戏。

总结一下，我们刚才讲了舒服的情绪产生的能量可以直接燃烧我们的生命力。那么在接下来的一讲，我们来看看那些不舒服的情绪所产生的能量去了哪里，我们又该怎么办。

父母时间

怎样让孩子爱上学习？

家长们最大的困扰之一，就是感觉自己的孩子没有学习动力，总是推一推、动一动。所以他们最喜欢问的问题就是，该怎样做才能让孩子爱上学习，有学习的动力呢？

其实答案就在我们刚刚讲到的情绪能量的原理之中：如果学习能够让孩子从中获得快乐，感到兴奋、有趣和美妙，并且因为自己喜爱学习，认真做功课而被爱，被肯定，被赞美，被更多人重视，那么孩子自然就会产生能量，继而去燃烧生命力，让每天的学习时间充满活力。

所以，如果一个孩子学习仅仅是为了一次考试、一张成绩单的话，那么分数有上有下的，慢慢地孩子就会失去学习动力。但如果父母能帮助孩子从每一次学习中感受到快乐，在读书中获得兴奋、美妙的感觉，那么他自然会对学习产生兴趣。

当然，有的孩子确确实实就是不喜欢读书，不能在学习中获得快乐、兴奋、有趣、美妙的体验。那么，这种情况下父母该怎么办呢？方法就是让孩子感觉到，当他愿意把功课做完，愿意好好学习的时候，他能够从他的"重要他人"——也就是他的父母、亲朋好友、老师、教练那里得到肯定、重视、赞美和爱，这些被滋养的感觉也可以推动这个孩子爱上学习。

总结一下，想让孩子爱上学习，方法有两个：第一，你能够让孩子培养出学习的兴趣吗？第二，你能够让他因为努力学习而获得重视、赞美和肯定吗？

比如说，我的一个孩子并不喜欢数学，但是他知道我很喜欢数学，他为了我愿意去参加数学补习，愿意去做很多练习题。而我要做的，就是不断地给他肯定。我会对他说："哎呀，你看你今天做了30道题！""哇，你今天完成了50道题耶！""你看，你又有进步呢！""哎呀，你今天准时去上补习课了！"我常常这样去肯定他，赞美他，重视他，结果他的数学居然最终学得还不错。这背后的心理根源就是：虽然我没有兴趣，但我知道做这个事情能够让父母快乐，我也能够从父母那里获得肯定和赞美，那么我可以这样去做。

所以，当我们想要教导孩子一件事，或者培养孩子一个好习惯的时候，绝对不能通过一直不断地批评他来达到目的，而是要给孩子创造舒服的情绪，让孩子从中获得很多快乐、兴奋，或者让孩子能够获得他的"重要他人"——主要就是父母——的肯定和赞美。这是最为有效的方式。

⏰ 父母时间

怎样提升孩子的情商？

运用舒服情绪能量的原理，我们可以启发孩子去思考，自己可以做哪些事让别的小伙伴感到快乐，让他感觉兴奋，让他觉得有趣，让他认为美妙……我们通过持续地启发和教导，使孩子成为一个可以让别人得到很多舒服能量的人，那么便是培养了一个高情商的孩子。

其实孩子们天生都是愿意帮助其他小伙伴的。当他们看到其他孩子伤心、难过或者死气沉沉、不爱玩、不爱说、不爱与人交往的时候，都是从心里想要帮助对方的。那么，我们可以教他们做些什么事来帮助对方获得快乐呢？

如果你看过动画片《大力水手》的话，就会发现舒服情绪产生的能量，就如同大力水手的菠菜一样——每当大力水手需要能量做好事的时候，他就会去吃菠菜，吃完菠菜就全身都有能量了。所以父母可以告诉孩子，当我们对别人做那些让他们快乐、兴奋、感到有趣和美妙的事情，或是直接给对方滋养的时候，就好像是把自己的菠菜送给对方，让他们充满了活力。而如果我们有时候感觉自己不开心或是死气沉沉的时候，也不要忘记让自己去做一些觉得快乐、兴奋的事情，给自己补充能量。

第 2 讲
不舒服情绪的能量

现在，让我们来面对那些我们不喜欢的、令我们感觉不舒服的情绪。

最常见的不舒服的情绪包括愤怒、痛苦、嫉妒、焦虑、害怕。这些情绪都不是我们想要的，但又都是与生俱来的。不需要别人教，我们天生就会愤怒、痛苦、嫉妒、焦虑和害怕。

我们拥有的这些不舒服的情绪，就如同我们喜欢的快乐、兴奋、被滋养的舒服情绪一样，会产生大量的能量。但是，这些能量并不能够直接进入我们的生命力之中，它只能储藏在肌肉里面，因此会让我们整个身体感觉很不舒服。所以，我们需要知道该怎样去使用这些能量。

不舒服的情绪能量，推动我们改变、学习和成长

我来讲一个大家很容易理解的例子：牙痛。

当牙痛的时候，我们通常是不想去看牙医的。为什么呢？因为我们害怕牙医的那些器具，畏惧牙钻在口腔里发出的刺耳声响和酸痛的感觉。可是终于有一天，我们必须去见牙医了，因为疼得太厉害了！也就是说，疼痛促使我们必须去找牙医，来做出一些改变。可能只是刷牙、做清洁，也可能是吃药、做治疗。总之，这个不舒服的情绪产生的能量，会在肌肉里面推动我们做一些事情。也就是说，它变成了一种推动力，促使我们去改变、学习和成长。

对很多人来说，他们愿意去改变、去学习，愿意去成长的最大推动力，恰恰就是那些让他们不舒服的情绪。也许某个人让他愤怒，让他痛苦，某件事让他嫉妒、害怕、焦虑……这个人如果想从这些不舒服的情绪里面解脱出来，别无他法，只有去改变、学习和成长。只有这样，才能消除身体里这些不舒服的感觉。

再举个例子。比如，我每次看到别人能读大学，都会觉得很嫉妒，因为我自己没有读大学。这种嫉妒的感觉会让我很不舒服，也不快乐。那么我就要问，这个嫉妒的感

觉是要告诉我什么呢？答案是：我很想要，但我没有。如果是不想要的东西，我一点都不会嫉妒。不要相信你对自己或者他人说的"其实我无所谓""我不要紧的""我根本就不喜欢"。只要你感到嫉妒，就说明你想要。如果见一次就嫉妒一次，那么就说明你很想要。

我们可能会嫉妒很多人的很多东西，但自己并不愿意承认。但其实这种嫉妒带来的不舒服的能量很强大，终有一天它会推动这个人去做出改变。一种改变，是我改变自己的想法。比如我可以对自己说："其实读大学没有那么重要，很多人没有读大学也能够做得很好。"如果我成功改变了想法，不再想要了，也就不嫉妒了。再一种改变，就是我索性去参加一个线上课程，拿到一个大学的文凭。这样的话，我以后就不再会嫉妒那些考上大学的人了。

所以说，那些各种各样能量满满的不舒服的情绪，对我们都有一个用途，不是改变我们的想法，就是推动我们去成长，让我们去学习新的东西。嫉妒是如此，痛苦、悲伤、愤怒等情绪也都是如此。

中国有句俗语：化悲痛为力量。当我们太过愤怒、悲伤、痛苦的时候，会产生一种非常强大的力量。中国还有一句古话，叫作"知耻近乎勇"，就是说当一个人觉得很羞耻的时候，为了不再这样羞耻他会发愤图强。所以，如果你是一个情绪管理高手，每一次有不舒服的情绪袭来，你就会意识到你需要改变、成长或者学习了。

学习，行动，再学习，再行动……

那么，这个改变、学习、成长的历程是怎样的呢？

首先，一定是你觉得现在的状况不舒服。"我现在觉得嫉妒""我现在感到害怕""我现在很痛苦""我现在焦虑到要疯了"……这些不舒服的情绪，产生一个强大的力量，推动你意识到自己需要改变。

第二步，你开始给现在的状态加进一些新的东西。比如，如果你的人际关系很差，造成你很痛苦，这说明你现在缺乏与人沟通的能力。那么，你可以通过看书，参加课程，甚至是观察身边人际关系好的人，来给自己增加新的方法和技巧。再比如，你觉得自己不会养孩子，那么你可以观察一下那些孩子养得很好的人都是怎么做的。而如果你的夫妻关系不好，你也可以去观察朋友圈中那些夫妻关系很好的人，然后模仿他们、学习他们，给自己的系统里增添新的东西。

那么单单是看到了、明白了，就够了吗？当然不够，你必须有所行动。这便是第三步，你要把你学到的新东西拿去用。如果没有行动的话，改变就不会发生，你的痛苦也十有八九会持续下去。比如前面提到的牙痛，你牙痛得不得了，然后去看了一大堆书，了解了可能是什么原因、什么病症，但你必须有真正的行动——去看牙医，否则还是解决不了你的牙痛。

所以，你要把学到的新东西付诸行动，行动之后去看一下结果怎么样？你的痛苦有没有减轻？如果有，就说明你已经学到了新的东西；但如果行动的结果是没有发生什么改变，就说明还没有学好，要重新再去学新的东西。

学习，行动，再学习，再行动……这样一次又一次地，直到你感觉自己整个人开始进入比较舒服的状态，那么就说明这个改变的历程完成了。

因此可以说，那些让人不舒服的情绪力量会帮助我们成为更好的人。它们对我们非常有用，能够推动我们不断地改变、学习和成长。而生命不断成长，本就是一件能够带来很多快乐的事情。

情绪需要被看到

情绪还有一个非常大的特点,就是它需要被看到。当我们自己的身体里有情绪产生的时候,或者当另外一个人有情绪的时候,都需要被每个人自己或是被另外的人看到。只有在被看到之后,情绪才有机会平静下来。

由此我想告诉大家,我们对一个人最大的体贴,就是当他有情绪的时候,我们能够安安静静地听他说,然后告诉他:"我看到你的愤怒。我觉得你可以愤怒。"你们可以试试看,当你告诉对方你看到他的愤怒时,他是不是会慢慢、慢慢地安静下来,情绪也会逐渐平息。

所以,如果你的孩子跟你说"妈妈我很怕"的时候,我们不要去讲"不要怕""有什么好怕的"或者是"你怎么这么懦弱,这么胆小?!"我们越这样讲,孩子越会觉得自己的害怕并没有被看到,他就会越加害怕。我们最应该做的是告诉孩子:"嗯,我看到了,你真的很害怕。"

我曾经接待过这样一个孩子,他很会读书,但是他主动要求休学,而且持续了很长一段时间。他的妈妈对此非常焦虑,于是拼命把孩子拉到了我的咨询室里。

这个孩子一进门,我就看出他根本不想做咨询,因为他看都不看我。那我怎么办呢？我当然不会马上跟他说话，而是先问他的妈妈："你觉得你的孩子是一个什么样的人？你在跟他的相处中，有什么事情是让你印象最深刻的？"

这位妈妈开始不断地讲，说孩子常常会觉得害怕，但她认为他根本不需要害怕，其实他很棒的，只是太多疑了……

我告诉这位妈妈："你错了，我看到他真的很害怕。"

妈妈马上反驳说："可是他不用害怕啊，他成绩这么好，又这么聪明！他怕什么呢？"

我说："也许你讲的是真的。但是，他的害怕也是真的。"

讲完这些话之后，我看到那个孩子的表情变得不一样了。我跟他说："孩子，我相信你有很多话想要说，你愿意跟我说吗？"就是这样一个进门时连看都不看我一眼的孩子，只是因为我说我看到了他的害怕，他整个人的状态就发生了改变。他跟他的妈妈说"你先出去吧"，然后自己留在了咨询室里。在接下来的时间里，我便一直在那里倾听他的讲述。

其实很多时候，特别是面对青少年，我所做的就是成为那个看见对方感受的人。而单单是把这个做好、做够，我们就能够看到孩子的情绪渐渐稳定下来。

所以，如果你的孩子跟你说害怕，或者是你自己感到害怕，你要做的就是看到这种情绪，接纳这种感受。你可以问自己，是什么情况下，什么时候，面对什么样的人，自己会有害怕的情绪？真正害怕的是什么？是那个人吗？是那件事吗？还是害怕自己的某种感觉？

看到这个害怕，接纳这个害怕，然后再寻找这个害怕是要告诉自己什么，自己可以做的是什么？

情绪自修室

我的情绪要告诉我什么？

在后面的课程中，我会详细分析那些重要的、常见的情绪到底要向我们传递什么信息，我们又该怎样做。现在，我想请大家先自行测试一下：

如果你现在身体里有愤怒，你知不知道你的愤怒要告诉你什么?

如果你感觉很痛苦,你的痛苦是在告诉你什么?

你会因为某件事一直不断地流泪吗?你知道自己为什么如此悲伤吗?

如果你现在很焦虑,你到底在焦虑些什么?

请看到自己的情绪,然后尝试去感受,这些情绪想要告诉你什么。

第3讲
情绪平衡与生命力

在前面两节里，我们讲到了舒服情绪的能量，可以直接进入到我们的生命力里面；而不舒服情绪的能量，能够推动我们进行改变、成长和学习。但是，我们必须面对一个事实，就是很多人虽然怀有很不舒服的情绪，但是他什么都改变不了，也没有办法去学习或者成长。

比如，对于一个正在上学的小孩子来说，教育制度的问题也许会让他在各方面都非常不舒服，但是他能够改变谁？他能改变他的父母吗？不能。他能改变他的学校和老师吗？不能。他能够改变教育制度吗？更不能。于是，他就需要一直在一个很不舒服的环境里，面对一些很不舒服的情况。他的身体里自然就会积攒很多情绪。那么，在这种情况下，那些情绪能量会到哪里呢？

情绪垃圾桶 vs 不定时炸弹

大家现在已经知道，情绪能量如果不能被使用，也没有被舒放出去的话，就会停留在我们的身体里，主要是储藏在我们的肌肉中。

如果有这样一个孩子，他没有办法用掉情绪能量，同时也不能够消灭这些能量，他的身体在不断地蓄积这些能量。而在接下来的日子里，他被父母骂了，被老师批评了，他的功课没有做好，他上学迟到了，他考试成绩不理想，他跟同学们发生了不愉快的事情……他想改变，可是他改变不了。他完全不知道要怎么办。

现在，我们想象一下他的身体，它像不像是一个垃圾桶？它被一直不断地丢进情绪垃圾，但又不知道该怎样去清空垃圾。于是，情绪垃圾每天都在增加，终有一天，他的身体就会被塞满到一定地步……

在生活当中，当我们发现垃圾桶满了但是又不知道该把垃圾倒到哪里的时候，我们会做什么？我们会用脚踩一踩、压一压，让垃圾桶再多出一些空间来，对不对？那么，这个孩子也一次次地压制自己的情绪垃圾，然后填塞进去更多。

终于有一天，来了一个倒霉的人。他可能只是不小心撞了一下这个孩子，但因为这个孩子的情绪垃圾桶已经很满很满了，所以这一撞可能就成为那"最后一根稻草"，它瞬间就把孩子身体里所有的情绪能量引爆了。

这些能量爆发的威力会有多大呢？我来讲一个曾经在中国发生的、大家应该很熟悉的事情。这是一个大学二年级的学生，正在读音乐系。有一天他在路上开车不小心撞到了前面的一辆车。从前面的车上下来一位女士，指着这个大学生便骂："你瞎呀，为什么撞我的车？！你要赔我的修车钱！你千万别想跑，我不会放过你的……"

几句话的功夫，这个大学生就被彻底激怒了。他做了一件所有人都预料不到的事——拿起棍子活活地把这位女士打死了。这是他和这位女士第一次见面，他们之间从来没有任何瓜葛，更不要提仇恨，但是事情就这样发生了。

一个大学生，而且是音乐系的学生，按理说应该脾气比较好，可为什么明明是他先撞了人家的车，结果只因为对方骂他，他便把对方打死了呢？

这样的事情，不止发生在中国。在我的家乡马来西亚，在美国、加拿大以及世界上几乎所有国家都曾发生过。人们总是很纳闷，为什么一个好端端的孩子，突然有一天会发狂，甚至到打死人的地步……这，便是情绪垃圾不断累积所产生的爆发力。

耗费生命力去实现的情绪平衡

我们每个人都可能因为各种各样的原因，积攒下很多情绪。但是我们不知道的是，所有这些情绪都蕴含着很大的能量，并且日积月累地储藏在了身体里面。如果我们能用掉这些能量，那是很棒、很厉害的，比如"化悲愤为力量"去做一些事情，一些改变。但如果我们真的没有办法改变，不能够好好地去利用的话，我们就要学习怎样把这些情绪能量从身体里舒放出去。这是我们一定要为自己负责的事情。就像我在引言里提到的那位法官所说的"谁该为情绪的后果买单呢"，是那些无辜的环境和无辜的人吗？当然不是，只有我们自己，我们自己才是最了解自己情绪的那个人。

那么，如果你是一个经常产生很多情绪的人，你知道你的情绪垃圾桶什么时候满吗？有研究结果表明，人的一生中有三个年龄段是情绪垃圾桶最易燃易爆的时候。父母们常常会看到，一个孩子原本乖乖的，脾气好好的，什么问题也没有，但在进入到易燃易爆年龄段的时候，便会在某一天突然情绪发作，产生很严重的后果。

这三个年龄段，第一个是11－12岁，第二个是18－19岁，第三个是25－26岁。近些年，孩子们普遍早熟，这个年龄段还有提前的倾向。在这些年龄段里，我们的情绪垃圾桶往往最容易满，人也最容易失控。我们会觉得自己没有办法，也没有足够的力量再去压制住情绪的能量。除了这三个年龄段，怀孕期、更年期等激素分泌有所变化的特殊时期，也是情绪容易爆发的危险阶段。

那么，我们人类是靠什么力量去压制住情绪能量的呢？我们没有其他能量，唯一能够使用的就是我们的生命力。所以，如果你有很多的情绪，你不能够用掉它，但又不敢让别人知道，你就要耗费大量的生命力去压制它。这个生命力是我们的身体通过激素产生的。而所谓的情绪平衡，无非就是我们消耗生命力去压制住情绪能量。但是无论再怎么消耗、怎么压制，到了前面提到的这些年龄段，都会进入危险期。我们身体里的情绪能量，可能会在某一天无缘无故地就爆发出来，我们会做出连自己都难以置信的事情。

所以，我们想要避免自己进入情绪失控、丧失理智的状态，唯一的方法就是把那些不能够转变成生命力，也不能够转变成推动力的情绪能量，通过各种方式从身体里舒放出来。否则对我们来说将会极其危险。

父母时间

为什么孩子上课总走神？

很多父母跟我抱怨，说他们的孩子总是注意力不集中，上课时总是走神，写作业时没办法专注。他们中的很多人把孩子送去参加类似感官统合的训练，希望通过这样的课程帮助孩子学会集中注意力，但完全不知道真正的原因是什么。真相其实很简单，孩子身体里有太多情绪了。当他要学习、看书的时候，首先要耗费时间和生命力去压制那些情绪。

那么，处于人生第一个易燃易爆年龄段的孩子，需要耗费多少生命力去完成情绪平衡呢？截至目前的研究数据显示，一个11—12岁的孩子大致要耗费16%—20%的生命力，用来压制身体里的情绪能量。也就是说，如果你的孩子累积了很多情绪的话，他是很难把书读好的，因为他有大约五分之一的生命力都被用去处理他的情绪了。他已经很难集中注意力，也很难拥有良好的记忆力。

其实，我们在很多成年人身上也会看到类似的状况。他们在工作的时候，整个人都处于死气沉沉的状态。但真正消耗他们生命力的并不是那个工作，或者某个项目。<u>他们的生命能量是快被自己的情绪消耗完了。这，才是真正的内耗。</u>

我们都知道，情绪能量是不会消失的。你压制它，它也只是从这里消失，然后从另外的地方再出来。而一直不断地压制和消耗，一个人的一生有很多时光就完全浪费了。我们可以换算一下，如果一个孩子的情绪垃圾桶常常是满满的，而他一直都在用他的生命力来平衡他的情绪，那么当他活到 80 岁的时候，他便耗费了差不多 16 年的时光在压抑情绪能量上面。

所以，无论成人还是孩子，都需要多做一些让自己觉得舒服的、快乐的、美妙的，让自己觉得很有价值的事情，这样我们的生命力才会越来越饱满。

第4讲
舒放情绪的方法之一：表达法

当我们产生不舒服的情绪时，我们就需要考虑一下，可以在哪些方面做出改变，可以从哪里获得知识，帮助自己学习和成长。但如果真的没有办法改变，那么我们就需要学会，怎样清空我们的情绪垃圾桶，也就是把那些用不掉的情绪能量从身体中舒放出来。

在接下来的几讲里，我会给大家介绍几种典型的舒放情绪的方法。这些方法在实际的个案咨询中运用的效果都非常好。其中，最简单有效的方法，就是表达法。怎么使用呢？可以是用文字把它写下来，也可以用语言把它说出来，或者延伸一下，借助涂鸦的形式画出来。中国的文字本身就是象形文字，所以中国人最能明白它的作用。在我的个案实践当中,表达法对于来访者最有帮助。

写下来,让你的情绪被看到

当我给一些学生做咨询的时候,了解完他们的经历和感受之后,我通常会给他们留一个功课,就是让他们把自己的情绪故事写出来。具体的方式就是每天用四五百字,记录下这一天里让他们产生很多情绪的那件事。

首先,他们需要记录下发生了什么事。比如,有的学生写下他跟老师的一段对话。老师对他讲:"哎哟,你是我教过的学生里面最笨的一个。"你听了这样的话,会不会产生很多情绪?当然会。那么你就把这个事情写出来。

接下来,写下关于这件事你想对自己说的话。比如"老师说的对吗?""我真的有那么笨吗?""我觉得老师讲的只不过是气话,我不可能是最笨的学生,我自己知道的。"或者,"虽然我的成绩没有那么好,但我是一个很善良的人。"

我会引导学生们将这件事和自己的想法客观地呈现出来。当他们进行表达的时候,有趣的事情发生了,就是他们看到了自己的情绪。我前面讲过，情绪有个特点，就是一定要被看到。它要么被我们自己看见，要么我们把它说出来，让它被我们认为重要的那个人看见。总之，每天把自己的情绪写出来，是我曾经帮助到很多有大量不良情绪的人的重要方法。

一般来讲，我会让一些人连续写 21 天。而对于已经进入某种精神疾病状态，比如抑郁症、焦虑症、恐慌症的青少年，我会让他们连续写 105 天，因为这是他们最能够舒放出情绪的方法。

当他们把自己的情绪记录下来之后，最重要的一点是什么？是要有人看，因为情绪要被看到。所以我就常常做那个看的人。我所做的只是告诉他们我看到了，或者是给他们留下一个小红心，给他们的记录文字点一个赞。但我发现就是这样一个简单的反馈，效果就非常好。

所以，这是一个非常好的舒放方法。所有的父母、老师、好朋友都可以通过这种方式，帮助有情绪的人把情绪能量舒放出去。何况现在还有很多社交媒体，可以方便每个人用自己最舒服、最熟悉的方式说出自己的故事。

这便是表达法。总结成一句话就是：写出来，并且有人看。

说出来，讲给最好的倾听者

情绪是可以通过语言表达出来的，说出来，也相当于写出来了。当情绪被说出来的时候，讲述者能够专注于究竟发生了什么事，它带给自己的感受是什么，以及自己可以做什么。而如果我们刚好成为被倾诉的对象，我们最能够帮助对方、给对方安慰的，就是安静地去倾听。

什么叫作倾听？想要做到真正的倾听，第一件事便是把自己的嘴巴关起来。当对方在讲述的时候，尤其是当对方有很多情绪的时候，我们最需要去做的就是看着他——注意，是看着他，不是瞪着他——然后在适当的时候，特别是对方讲到自己的情绪的时候，我们可以轻轻地点头、点头、点头。我们单单这样做，就能够让对方知道，他讲出来的感受被我们看到了，而且我们能够理解他的感受。仅仅是这样，就能使他得到很大的安慰。

大家应该都知道，现在社会上很多青少年有自杀倾向。遇到这样的个案时，很多心理咨询师是紧张、害怕的，不知道该怎样做才对。我在给我的心理咨询学员们授课的时候，教导他们在这种时候第一件要做的事情，就是倾听。

为什么是倾听呢？我们想想，一个青少年学生为什么会轻生？必然是因为他觉得自己的价值感很低。人的价值感低到一定程度，很自然就会想要死。所以，作为一个心理咨询师，或者是这位青少年的父母、老师，我们最应该做的就是倾听。

在他愿意表达的时候，我们不要随便去打断他，更不要因为紧张就忙着去教导他。我们只负责好好地去倾听他说话，甚至可以问他一些问题，引导他讲得更加深入。比如跟他说："你可以把这个部分更加详细地告诉我吗？""你可以让我知道那个时候你是怎样想的吗？""你是怎么做的呢？"我们让孩子尽量多说。

在我面对过相当多类似的案例后，我知道这是最有效的方法。我们脑子里想的，不应该是"我该怎么去拯救他，怎么去帮他，怎么让他改变想法……"，这些都无效。最重要的是：第一步，看到他的感受；第二步，当对方讲述的时候，专注地倾听，点头。这样就够了。很多时候，在倾听对方讲述完之后，我问他："你现在感觉怎么样？"对方都会说感觉好多了。

> 父母时间

怎样面对有轻生念头的孩子?

就在几天前,我接待了一个学生。他已经写好了遗书,但答应父母找我来给他做一次心理咨询。

跟大家讲真话,我在给他做这次心理咨询的时候,最主要做的就是让他说,我不插嘴,只是倾听和点头。本来这个孩子在写过遗书之后,已经好几天不能安睡,不想吃饭。但他的爸爸告诉我,那天回去之后他就睡着了,而且睡了很长时间。醒来之后感觉肚子饿,也吃了不少东西,仿佛整个人都好起来了。

你说我做了什么?实际上我做的就是让他倾倒情绪垃圾。通过什么呢?通过让他去说,不断地说。

所以各位爸爸妈妈,<u>当孩子在表达的时候,要记得把自己的嘴巴闭起来,注意听他讲什么,然后点头就可以了</u>。等孩子讲完之后,你们可以把你们听到的、感受到的、理解到的,反馈给孩子,那么他就会知道你们真的听进去了，也听明白了。这样，就能够给他带来很大帮助。这是任何有爱、有阅历的父母都可以做到的。

当我们看到孩子有自杀的念头，或者整天情绪激烈，向着无辜的人发脾气，对无关的环境搞破坏的时候，我们可以做的就是帮助他把情绪垃圾倒出来。而好好听他说话，就是最有效的方法之一。

画出来，一起享受天马行空

如果我们情绪垃圾桶很满的话，通常会影响到我们的睡眠。而想要解决睡眠障碍的问题，我们可以尝试在晚上睡觉之前画一幅画。具体的操作方式很简单，就是买一支好一些的画笔和画纸，然后想到什么画什么，画完之后去睡觉。这样持续大概两到三个星期之后，你可以监测一下你的睡眠质量，真的会有很多改善。

此外，如果父母发现自己的孩子整天吸吮手指，或者是啃咬手指甲，啃到你几乎没有看到过他的指甲，那就说明这个孩子积累的情绪已经很多了。这个时候应该怎样引导他呢？同样是这个很简单的方法，让孩子画出来。刚好这也是儿童和青少年都比较愿意做的事。你让他去运动，他也许不愿意，但是他们通常愿意画画。

不过，这种情况下要做的不是单纯地画画。父母可以给孩子建议一个主题，也可以让孩子随手画完之后，自己确定一个主题。我们经常跟孩子一起画的主题包括房子、树木或人。这个过程可能就是简单地画一个屋子，在屋子上方画一个太阳，屋子的旁边画一个小人儿，想要美一些就再画一些花……孩子怎么画都是可以的。他画完之后，父母千万不要批评他画得不好，或者让孩子按照父母要求的方式画。

画完之后，你们可以和孩子一起，对着他的画"胡说八道"。什么叫"胡说八道"？就是天马行空，想到哪里说到哪里。你们可以让他把自己的画讲给你们听，但是不要试图去挖掘、刺探什么秘密。什么都不要，就只是简单地让他讲述他的画，然后随着他的画去天马行空地聊天。

比如，孩子画了一棵树，你可以问："这棵树好大呀，它在这里生长多少年了？"假如孩子回答"七年了"，你可以接着问："哎呀，七年了！那这棵树认识这个房子里的人吗?"如果孩子说"认识啊",你可以继续跟他聊:"这个家里有什么人呢?……哦,一个爸爸一个妈妈,还有一个哥哥和一个妹妹呀!你知道这棵大树最喜欢哪个人吗?……它为什么最喜欢妈妈呢?这个妈妈最喜欢唱的是什么歌?……你会唱吗?可以唱给我听吗?这里有个小孩子,他叫什么名字呀?小黄今年几岁了?你觉得这棵树喜欢小黄吗?它为什么喜欢小黄呢?……哇,小黄每天都可以把功课做完!……小黄最喜欢听什么故事呢,你可以讲给我听吗?"

如此这般,一点点延展开来话题。如果孩子很快就讲完大树或者房子,你们还可以引导他接着讲太阳,讲花,讲小鸟。我想跟爸爸妈妈们说的是,你们"胡说八道"就对了。你们和孩子什么都可以讲,任何画里有的东西都可以说。

靠这样的简单方法,我帮助了很多小孩子不再啃指甲。其中有一位妈妈,她跟我说,孩子5岁了,天天啃指甲,以至于她从来没有看到过指甲长出来。我教她使用这个方法,结果一个星期就看到效果了。她说她终于看到孩子的指甲了!就是这么神奇。

其实有很多孩子都是这种情况。父母或者老师只要帮助他们把情绪垃圾舒放出来，不再去攻击他们自己的身体，那么他们就能够专注读书，心情也会变好，不再给你带来很大的问题。

以上就是舒放情绪垃圾的第一类方式，可以是写出来，也可以是说出来或者画出来。总之，让情绪被自己或者重要的他人看到。这是一类对儿童、青少年甚至成年人、老年人都非常有用的方法，也是我在咨询时常常用到的方法。在这里我把我的秘诀都告诉你了哦！

第 5 讲
舒放情绪的方法之二：动能法

一说到动能，大家马上就会想：对，去运动！运动可以减压！但我想提醒大家一个事实，很多人并不喜欢运动。尤其是青少年，他们对于那些持续很长时间又没有什么变化的运动，比如慢跑、游泳这些，通常是没那么喜欢的。

那么，到底该怎样运用动能呢？

最有效的动能舒放法，并不是运动

我先跟大家分享一个通过动能将情绪能量从肌肉里面

舒放出来的秘诀，就是四个字：一松一紧。也就是，松一下，然后紧一下，然后再松一下，再紧一下。我们就是要通过让肌肉和精神"放松—收紧—再放松—再收紧"的动能方式，来舒放掉情绪能量。

那么大家想想，什么活动可以实现这种效果呢？（提示：绝对不是运动！）

其实，是自由玩耍。对于青少年，甚至是成年人来说，最好的舒放情绪能量的方法，恰恰就是自由玩耍。而这也能让我们理解，为什么以前的孩子看起来好像没有累积多少情绪能量，而现在的孩子情绪更容易激动，也更容易失控。

很多父母都搞不明白，自己小时候常常被爸爸妈妈骂，还总要做一大堆的家务事，但那时候身体里似乎并没有太多情绪垃圾。现在的孩子丰衣足食，生活肯定过得比上一代人更好，可是他们的情绪垃圾反而特别多。

我认为，最主要的原因是以前的孩子可以自由自在地在外面玩耍，能够在整个空间里面活动，游戏的可能性也多种多样。而现在的孩子去外面玩，既怕被坏人拐走，又怕发生危险，所以他们越来越少在外面自由玩耍。家家户户都把孩子很好地保护起来。这样做当然无可厚非，但恰恰因为这样的缘故，孩子们自由玩耍的时间变少了，他们能够把情绪能量转化成为动能的机会，也就变少了。

我们现在看到的情况，就是父母恨不得孩子天天在家里面学习、学习、学习。确实，现在的功课比以前多了很多，孩子每天做完作业，再复习一遍，就已经没有什么时间了，更不要说去户外玩耍。而我小时候，家里生活压力很大，父母自身有很多的情绪，所以常常会骂我、批评我。可是我被骂了之后去外面玩，跟其他孩子一起又喊又叫，又跑又跳，有时候自己还发明很多游戏的玩法。等回到家的时候，整个人已经非常舒畅，一点情绪都没有了。即使回到家里，被妈妈看到后再骂一顿都无所谓，反正明天还能够出去玩。

总之，我想告诉大家的是，自由玩耍是舒放情绪垃圾最好的方式！在玩耍的过程中，我们会紧张，会觉得刺激，这就让我们的肌肉大量地收紧又放松，这个过程也就是把情绪垃圾变成动能的最好方法。

所以，假如你家里有一个比较敏感的孩子，小小的事情都会让他产生很多情绪，积累很多情绪能量，而你又没有什么时间的话，那么我劝你不要把时间用来教导他学习，这个学校会教的。你要做的，是先保证孩子每天都有足够的户外玩耍时间。户外玩耍不但能够舒放他的情绪，还能够帮助他发展创意，并且带给他很多刺激、兴奋、美妙、快乐的感觉。这些都是能够增加孩子生命力的东西。

父母时间

孩子为什么容易沉迷电子游戏？

孩子们通过动能法去舒放情绪的最佳活动，就是自由玩耍，玩各种各样的游戏。但是现在的孩子不能出去玩，所以他们就玩手机。

我们想一下玩手机游戏是怎样的体验？游戏的过程中，整个人都会被带进一种快乐、兴奋、刺激的状态。"我要过关啦！快快！""不好，小心！""这一次必须全神贯注，一次通关！"闯关过程的兴奋和紧张，过关之后的放松和满足，几乎是其他游戏方式难以比拟的。而就是在这样一松一紧的游戏过程中，孩子们身体里累积的大量情绪垃圾都被舒放出来。

弄清了这一点,我们也就能明白,为什么一些小孩子,只是因为父母把他的手机收掉,不允许再玩,他就会觉得"我的生活没有意义了",进而产生轻生的念头。大家都会觉得这个孩子是不是发疯了?!其实不是。

一般来说,<u>不舒服的情绪积累越多的孩子,就越容易沉迷于游戏</u>。其中最重要的原因,就是游戏能够给人提供快乐、兴奋和刺激等舒服的情绪,在胜利、通关的时候,还能让孩子获得被接受、被重视的美妙感觉,而肌肉和精神的一松一紧,能够帮孩子把大量的情绪舒放出去。能够带来这样的体验,他们自然会迷恋电子游戏。

一场比赛,让自己焕然一新

除了自由玩耍,我推荐的第二种可以通过动能舒放情绪的方法,就是去参加竞赛类的活动。也就是说,不是相对死板的运动,而是有竞争的比赛。我发现有些父母想要把孩子打造成一个完美的人，他们担心孩子会变得过于争强好胜，便不让孩子去参加竞赛类的活动。但这样想的父母，反而剥夺了孩子成为更好的人的机会。

孩子去参加竞赛类的活动或者竞技体育项目，当然是为了赢，而不是为了输。但这样的竞赛带给孩子的积极影响，远远超过对好胜心的刺激。有同伴、有竞赛的过程，对孩子的情绪舒放大有好处。在比赛过程中，孩子的身体会进入到紧张刺激的状态，因此竞赛结束后身体反而可以获得极大的放松。我相信你们一定有过这样的体验，就是打一场球回来，整个人的状态都会舒展很多，无论是孩子还是成年人都一样。

相对于争强好胜的孩子，父母最该担心的，反而是那些不愿意说话，不喜欢跟人交往，不想参加各种运动或是竞赛，甚至连游戏都不能打动他，只想乖乖待在家里的孩子。虽然父母会得到一个很听话的孩子，但这对孩子自己的情绪健康，绝对没有任何好处。

当然，除了参加竞赛类的活动，父母还可以鼓励孩子参加舞蹈类的活动。当然，前提是孩子喜欢。对于喜欢的事情，孩子就容易主动参与，而不是推一下做一下。而且，因为他喜欢，那么在参与的过程中获得的快乐也会更多。快乐带来的舒服情绪，能够滋养孩子的生命力，参与这些活动产生的动能，又能够帮助孩子舒放身体能量。

讲到这里，我想跟大家简单讲一些中医的治疗方法，比如针灸、推拿、按摩等。我们看到，这些治疗都是为了缓解病人某个部位的肌肉疼痛。其实，有疼痛，往往是因为他的情绪能量储藏在那个地方。医生通过拍打、按摩、针灸等不同的治疗方法，把气——也就是能量——从身体里释放出来，其实也是舒放情绪的过程。

换个角度来说，以前的人什么事情都要亲自上阵，因为动得多，所以情绪引发精神问题的概率就比较低。因此，无论是青少年还是成年人，如果你觉得自己的记忆力不好，或者没办法专注的话，可能真的需要多动一点。多动不只是让身体好，也能够很好地舒放我们的情绪。

读懂"不良动能"的情绪根源

我在前面讲的都是使用良好的动能的方法，但是也有些人，他们使用的是不良的动能方法。

什么叫作"不良的动能方法"呢？比如，我们常常听到的"多动症"。很多父母或者老师会说:"哎哟,这个孩子有多动症。"而作为心理咨询师,我很负责地告诉大家,我不知道有没有真正的"过动症",或者大家俗称的"多动症",但曾经找我做过咨询的这类孩子,全都不是生理上的问题。他们都是因为身体里储藏了太多的情绪能量。

这些孩子从哪里得来这么多情绪呢?从他们家里。他们的家庭,要么妈妈很焦虑,要么爸爸很凶,或者是家庭的生活压力很大。总之,这些孩子的父母往往情绪不好,关系也不好,经常在家里吵架。而这种状态带来的后果,便是生活在这个家庭里的孩子,有很多情绪。

那么,这样的孩子会通过什么方式舒放他们满满的情绪能量呢?最简单、最直接的方法,就是成为一个"多动症"儿童。我们可以看到,这些孩子整天跳上跳下,动个不停。但他们的父母并不清楚这里面的因果关系,反而认为是孩子患有多动症。其实,只要他们能好好地跟孩子说话,一起玩游戏,孩子们就会慢慢地转变,不再是"多动儿"。

此外,还有一种不良的动能方式叫"抽动症"。我们可以看到有些儿童、青少年甚至成年人的脸部肌肉、腿部肌肉、手脚肌肉,乃至眼睛会不由自主地抖动。这便是抽动症。

现在有越来越多的孩子患有抽动症。只要你去医院走一趟，一定会遇到父母带着孩子去医治抽动症。同样的，他们的肌肉不停抖动的真正原因，也是他们不知道该如何处理身体里的情绪。而这样的抽动，可以让肌肉里面累积的能量被舒放出去一些。但是，医院里治疗抽动症的方式通常是吃药，药效是让这个人的行动变慢，然后便手也不抖了，腿也不抖了。但真正的病因被处理了吗？并没有。这反而让这些孩子没有办法通过肌肉的自由抖动，把里面储藏的情绪能量舒放出去。

我们在前面已经讲过，无论是孩子还是成年人，舒放情绪能量最简单有效的方法是表达法。所以父母可以试试，让有多动症状或者抽动症状的孩子去画画，然后鼓励他表达，把画的画讲出来。我借助这样的方式帮助过很多被诊断为抽动症的孩子。

其实父母自己就可以完成这件事。你们陪孩子一起画画、聊天、玩游戏，做家庭竞赛，既可以帮助孩子使用动能，又可以给孩子心理营养，一定可以让多动症或者抽动症得到解决。

> 父母时间

怎样帮助爱打架、喜欢搞破坏的孩子？

很多孩子会经常跟别人打架，他们看起来特别容易激动，有时候别人随便讲一两句话，他就能跟人打上一架。

父母通常会怎样教育这样的孩子呢？他们会说："哎呀，你不要脾气这么大，不要一点点小事就打架。"其实，这些孩子并非天生暴脾气，而是在身体里潜藏着一个推动力，也就是那些不舒服的情绪带来的能量。他们一听到那些令人不舒服的话语，或者产生某种不舒服的感受，内心里就会有个声音告诉他"去打吧，去打吧"。而当他们真的去打了一场架之后，会感觉整个人都舒畅了。于是我们看到的就是，情绪越多的孩子越容易跟人打架。这并不是因为他们喜欢暴力，更不是因为他们很厉害，只是因为他们发现，无论结果如何，在打完一场架之后都能感觉到自身舒畅了很多。

同样，还有一些孩子专门爱搞破坏。我们常常看到公用电话亭、垃圾桶、栏杆、路灯杆等公共设施有被破坏的痕迹，因为有些孩子特意去把这些东西弄坏、踢坏。踢坏东西对他们没有什么物质上的好处，但对他们的情绪确实有帮助。因为破坏东西，可以带给他们舒畅感，而这是他们在家里没办法实现的。家里的东西如果被故意破坏了，父母肯定会责怪甚至打骂他们。

对于这类爱打架和破坏东西的孩子，父母最好鼓励他们通过一些动能方式，把身体里大量的情绪舒放出来。但是我想强调一点，在舒放情绪方面，如果动能法和表达法相比的话，其实表达法的舒放能力更大，也更快。但是动能的方式是很多孩子在日常生活里更容易做到的。

第 6 讲

舒放情绪的方法之三:声能法

除了表达法和动能法,我们还有一种舒放情绪的方法,就是声能法。说到声能,大家马上想到的是什么?是唱歌,对不对?唱歌确实能够把人的能量充分舒放出来。

我记得我和女儿去过一个卡拉OK,每唱完一首歌系统就会显示唱这首歌释放了多少热量。于是我们开始做实验,尝试演唱不同种类的歌,然后对比他们释放出来的热量数值。

你们猜猜看,什么样的歌曲最能消耗热量?答案就是:Rock and Roll,摇滚乐。摇滚乐就是你喊得越用力,舒放出来的能量值就越高。所以,唱歌是一种很好的依靠声音能量舒放情绪的方法。

你敢不敢喊出来

除了唱歌，喊叫也是很好的方法。很多父母受不了孩子的喊叫，但我们应该知道，如果一个孩子常常在家里无缘无故大喊大叫的话，很大可能是他的身体里面情绪能量太多了。这种情况下，我们需要做的，恰恰是让孩子大喊大叫。

我们做心理咨询，常常会碰到被大量的情绪困扰着的人。这其中既有儿童，也有成人。有一次，我遇到一个成人来访者。他平时的表现一直都没什么问题，但到了51岁的时候，突然患上了"思觉失调症"，也就是大家俗称的"精神分裂"。

当他走进我的咨询室时，我发现他的身体特别僵硬。经验告诉我，这种僵硬说明他身体里一定累积了很多情绪。认识他的人都说他是一个脾气特别好、特别善良的人。跟他沟通之后，我发现他确实是个善良的人，他从来不大声说话，也不敢去拒绝别人。但现在他51岁了，在更年期里患上了精神分裂症。

其实，他的病症与更年期无关，而是身体里长期累积的情绪垃圾造成的。那么，你们知道我做了什么吗？我想办法让他进入令他非常愤怒的情境里，然后鼓励他不断地喊、不断地叫。我还把几把椅子叠起来达一人高，然后让他不断地去打那个象征着一个人的椅子塔，直到他把那个"人"整个打倒塌为止。

之后，我不但鼓励他喊，还教他喊，跟他一起喊。你们猜这样子有没有效，多长时间能发挥效果呢？它真的有效。来过几次之后，他的病症真的就好了。此后我又追踪了他两年，确定他确实康复了。

我们在做心理咨询时，有时会遇到来访者在咨询室里无法大喊大叫的情况，这时我们会带他去大海边、大山上，去那些没有人的地方喊。在那里，随便你怎么大喊大叫，都不用害怕别人看到。这种方法真真正正地能够帮助到每个人，帮助他们把身体里储藏的情绪垃圾倾倒出来。现在，我每看到山和海的时候都会想，不知道它们吸收了我们人类多少的情绪能量。

除了唱歌、喊叫，说话也是一种舒放能量的方式。人们都说，说话是需要气的。是的，所以说话也是能够帮助我们舒放情绪能量的好办法。

不良声能的最终买单者

你们有没有过这样的经历，遇上自己情绪很不好的时候，心里会暗暗地想要找个人批评一下、得罪一下，甚至想去吵上一架，而批评完、得罪后、吵过架，你会感觉整个人都舒畅了，坏情绪也少了很多。是的，吵架也是一种声能，不过是一种不良的声能。

我记得在读中学的时候，每次数学老师一走进教室，我们就会去注意他的脸色。如果今天他的脸整个是黑着的，我们就知道，他接下来一定会检查我们的作业。然后只要他发现一点点错误，就会把我们大骂一顿。他甚至还会用书本冲着我们的头来一下，然后开骂："你是怎么做数学的？！这样子也不会做？！这么低级的错误你也犯？！"他通常会骂上很久，一直骂到他里面的情绪能量舒放出来了才会安静。

那么我想问各位爸爸妈妈，你们在家里有没有对孩子做类似这样的事情呢？父母常常骂孩子，而且还总是理直气壮，认为是为了孩子好。但实际上很多时候并不是为了孩子好，只是在舒放自己的情绪。

我们都知道，现在很多公司生意不是很好，经营压力很大。当老板有压力的时候,他就会产生很多情绪,于是便找个员工来骂一顿。这个员工回到家里看到地上有张废纸,心里就开始抱怨老婆:"这个家里怎么这么乱,作为一个家庭主妇你怎么做的?"于是,他根本不管老婆做了多少事情,就把老婆骂了一顿。老婆很生气,心里也很委屈:"我在家这么辛苦,你回到家话都没有说就骂我?!"于是老婆也有很多情绪。但是她骂谁呢?只能是骂小孩了。但是她知道小孩是不能乱骂的,那样会被人说不是好妈妈。于是,这位妈妈很聪明,她让孩子把学校的作业拿出来给她检查,检查的过程中很容易就能找到孩子的问题,然后就可以大骂一顿了。妈妈骂完,觉得整个人都舒畅了。

但是,孩子怎么办?

所以,大家知道我想说什么吗?我想告诉大家,因为情绪能量是无法被消灭的,于是各种各样的情绪能量会从一个人转到另外一个人,一层一层转下去。那么谁是最后的买单者呢?在任何一个国家里都是一样的,一定是家庭里的小孩子来买单。

所以,我想请大家多同情一下我们的孩子。一个小孩子需要承受各种各样的压力,老师的压力、学校的压力、教育部的压力、父母的压力……请给孩子一个机会、一个渠道，让他们能够把所有承受来的情绪能量舒放出去。否则，小孩子会产生很多很多的情绪问题。

⏳ 情绪自修室

时刻给自己做情绪自检

当身体里的情绪不能够舒放的时候，它们就会累积在肌肉里，成为一个让我们非常不舒服的推动力。这种推动力会让我们选择最自然的方式，比如找人吵架、大喊大叫，通过声能去舒放情绪垃圾。

所以，情绪越不好的人就越会骂人。如果我们发现身边某个人，甚至就是我们自己，每天不骂人就活不下去似的，那么大概就可以得出结论，这个人身体里累积了很多情绪垃圾。但是，如果他不懂得如何释放，那么说不准哪一天便会是情绪能量的爆发点。

所以，<u>我们要懂得保护自己</u>。如果发现自己很容易有情绪的话，要记得你需要为自己的情绪负责。

你要尽可能通过文字表达、运动、歌唱等方式，将身体里的情绪能量舒放出去。当然，在使用声能的时候，可能会产生噪音或者变得唠唠叨叨。虽然这是我们发泄情绪的一种方式，但通常会导致身边的人厌烦，甚至让人际关系变得糟糕。因此我们要注意，选择有效的，同时让别人也能够接受、不至于不舒服的方式，这样才能达到最好的效果。

总之，我们要多做让身体感觉很舒服的事情，因为这些舒服的情绪产生的能量，不需要学习就可以直接燃烧成我们的生命力。<u>我们越做快乐的事情，我们的生命力就越旺盛</u>。至于那些不舒服的情绪，我们有本事的话就把它转化成推动力，推动我们改变、学习和成长。如果真的没有办法使用的话，就要想方设法让能量舒放出来，而不是每天带着一个情绪垃圾桶走来走去。那样真的很危险。

第7讲
舒放情绪的方法之四：生理反馈法

这一讲我们要了解舒放情绪能量的最后一种方法，生理反馈法。

我相信，很少有人听说过这个名字，因为与其说它是一种可以选择的舒放情绪的方法，不如说它是某些人自然而然做出的行为。那么到底什么是生理反馈法呢？

我们知道，一个人的情绪能量是无法被消除掉的。因此，如果我们没有把它用掉，或者舒放掉，它会一直增多，不管我们的身体是不是能够承载。而当一个人发现自身的情绪能量已经超过了肌肉能够承载的限度，马上就要爆发的时候，他会选择一种方式，人为地让身体感到非常紧张、非常危险，让自己觉得"哎呀，我的命要完了"。

于是，他的身体从头到脚全部被拉得紧紧地……而等到危机排除后，他身体的每一个细胞就能获得舒畅的感觉，大量的情绪能量也就随着这一紧一松的变化，舒放了出来。

这就是生理反馈法。这种方法最常见的方式，就是自残。

反复发生的自残行为

青少年发生自残行为的年龄已经越来越小，9—11岁的阶段就会有孩子进行自残。而到了11—12岁，就是我们前面提到的情绪能量最饱满的年龄段之一时，这些孩子会觉得自己的身体好像要自爆一样。于是他们很自然地会用东西去伤害自己的身体，比如用刀片去割腕。

你以为他们是要自杀吗？并不是。他们只是在那一刻感觉脑袋里一片空白，没有办法去处理将要爆炸的身体，于是通过割腕让全身进入一种极度危险和紧张的状态，身体所有的肌肉都紧绷起来。等到危机过后，他的身体彻底放松，大量的情绪能量从肌肉里面舒放出来。

但是很快，他们就会需要下一次自残。因为他们身体里的情绪垃圾很多,只是舒放掉一次,相当于仅仅为情绪垃圾桶空出来一小块空地。但那里很快又会被填满,等到它满到又快要爆炸的时候,孩子就会再一次自残。

有些父母会觉得纳闷,已经跟孩子说了无数次"以后不可以再这样做,不可以用刀片割自己,有什么事情来跟爸妈讲……",但孩子通常没过多久,便会再割一次。我们只要观察那些自残的孩子就会发现,他们往往整只手都是伤痕。

奇迹背后的情绪舒放原理

现在我要跟大家分享一个真实的案例。它是家庭治疗大师,同时也是全世界第一个真正用文字对家庭治疗进行记录的人——萨提亚女士亲自完成,并持续记录的一个经典案例。

这个案例的案主是一个男孩子。他在5岁那年被几个少年人强行带走。他们脱掉他的衣裤后把他绑在一棵大树上,然后嘲笑他、威胁他、侵犯他的身体,等到开心过后各自散去。后来,男孩的父母找到了他,把他解救下来带回家。

男孩讲不清到底被哪些人欺负了，因此这个案件没办法继续追究。父母认为孩子只是身体上有些轻微的伤痕，没有生命危险和太大的伤害，也就没有太过在意。这个男孩当时也没有多说什么，这件事看起来就这样过去了。

男孩慢慢地长大，到了9岁时，家里人发现他越来越怪。首先他很少说话，其次他长得特别瘦小，根本不像9岁的样子。最古怪的是，他从9岁之后开始有一个怪行为，就是只要在家里或者商店里看到尖锐的东西，他便会很自然地向着那个东西走过去，让那个东西把自己刺伤。

发现这个怪异行为之后，父母开始教导他，甚至骂他。但男孩还是会继续这样做，继续见到尖锐的东西便走过去，故意让自己受伤。现在我们自然知道，这个孩子其实就是在使用生理反馈法。虽然他自己也搞不清为什么要这样做，但他会不断重复这个行为。

学校把男孩的状况告知了萨提亚。他们回忆男孩的成长过程，确定他经历过的最大的事件就是5岁时的那次伤害。但当时因为父母觉得他没有变笨，不影响读书，就没有放在心上。很多父母就是这样，他们只注重孩子能不能读书，认为只要能上学、能读书，其他都不重要。

萨提亚决定来帮助这个男孩。她首先预定了社区剧场每周一次的表演时间，表演者就是她和男孩两个人。然后她开始带着男孩你一句我一句地创作出一个故事，并且改写成剧本。接下来，他们排练这个剧本，设计台词和动作。剧情里需要哪些道具，他们就靠手工制作出来，可能是剪一只羊，可能是粘贴一辆车。最后，他们还制作了海报，邀请人们来观看。

就这样，他们每星期创作一个故事，然后排练成一出双人戏剧。故事的主题各种各样，并没有刻意针对这个男孩自身的经历。开始的时候，一些知情人会来观看表演。慢慢地，会有完全陌生的观众，不过人数并不很多。他们两个就这样一连做了50场，也就是说，他们做了几乎整整一年的时间。

根据我在前面介绍的几种情绪舒放的方法，大家应该可以看出来，萨提亚在这里使用到了文字表达法——讲述故事、编写剧本；动能法——肢体表演、道具制作；声能法——现场演出。也就是说，在排练舞台剧的过程中，她用上了所有能用到的方式，来替换此前男孩自己采取的生理反馈法。

神奇的是，一年过后，男孩的身体开始恢复生长，甚至是超速生长。最终，这个男孩成了一个国家级运动员，人们完全想象不到他曾经生长停滞。

> **⏰ 父母时间**
>
> ## 怎样应对采取生理反馈法的孩子？
>
> 现在有越来越多的儿童、青少年在使用生理反馈法。他们中有的人靠看鬼片的方式，看的时候很害怕、很紧张，紧张到肌肉收缩，等到片子结束彻底放松，情绪被舒放掉一部分。有的人会用一条围巾把自己的脖子绑住，然后越拉越紧……紧到差不多要窒息的时候才松开。有一些大孩子会通过一些危险的游戏，比如飙车，来获得情绪舒放。他们当然知道飙车很危险，但他们专门去做这么危险的活动，就是为了让身体能够拉紧再放松。
>
> 对于年纪小的孩子，我们可以根据萨提亚的案例来举一反三，通过文字、动能、声能等方式，帮助孩子一点点舒放情绪能量。比如，父母可以引导

孩子每天跟他们一起讲一个故事，一起做一些表演，或者一起跳舞唱歌，什么都可以。这样做主要是帮助孩子日常舒放情绪，并且让孩子知道，当他们身体里有很多情绪能量的时候，有很多方法可以用，而不是直接选择生理反馈法。

对于大孩子，甚至成人，我来教给大家一个简单的方法。

我们都知道，通过动能舒放情绪能量的诀窍是"一松一紧"，我们可以通过一组特别简单的动作来完成这个舒放过程：首先，你和孩子手握住手，然后数"一二三四五六七八九十"。每增加一个数字，你们手上就增加一分力度。这样数到"十"的时候，你们的手已经互相握得很紧很紧，肌肉拉得很满很满。然后，慢慢地放松，随着倒数"十九八七六五四三二一"，最终双手彻底放松。接下来，你们可以根据各自的状态，重复这样的动作。

当然一个人也可以完成这个过程。你可以自己双手相握，还可以用自己的双手握住手腕、脚踝、胳膊、大腿，甚至嘴角。任何身体部位都可以，握住之后就按照从一到十越握越紧，然后从十到一逐渐放松的原则，重复这样的一紧一松的动能练习。

虽然这样并不能一次性舒放大量的能量，也不像遇到生命威胁时的肌肉那样被瞬间紧绷。但是它没有危险，而且确定有效。大家可以经常性地这样做，算是维护情绪健康的方式。

第8讲
情绪与感受的区别

在最初回答"情绪是什么"这个问题的时候,我们知道情绪是能够产生能量的。那么在这一讲里,我们继续认识和了解情绪,看看情绪除了可以产生能量,还有哪些特质。

比如,大家经常混淆的两个概念——情绪和感受,它们到底有没有分别?又有没有关联?

情绪是感受的外在表现

在很多语言中,"情绪"和"感受"是两个词,且不是同一个概念。但是，它们在本质上又很相似。我们先来讲讲什么是感受。

首先，感受是身体层面的。当我们的身体通过五感（视觉、听觉、嗅觉、味觉、触觉）接受到外界的刺激，比如我看到了花，有人撞了我一下，我听到有人骂我，我尝到了美味的食物，我闻到了泥土的气息……那么我的身体就会有一个反应。这个反应，简单来说就是我的感受。也就是说，我的五感受到了外界的一些刺激，让我产生一些感受。

其次，同样的刺激带给每个人的感受是不一样的。比如，有人看到玫瑰花觉得很开心，但也有人觉得它庸俗。不同的人看到同样的东西，产生的感受并不相同。每个人的感受到底会怎样，只有他的身体知道。

接下来，当我们的身体产生某种感受时，会希望整个人知道这种感受。于是，它便会通过很自然的情绪来表现出来。也就是说，情绪是感受的外在表现。

那么，我们再来看一下情绪是什么呢？第一，情绪产生能量；第二，情绪是感受的外在表现。

我们的身体会有感受，但是除我以外没人知道我的感受。但是身体需要我知道这种感受，有时它也需要别人知道它的感受。因此，它就会通过情绪把感受显现出来。

那么，情绪作为感受的外显，都包括些什么呢？它包括行动、行为、表情、声音。有时，别人看到我，会发现我生气了。请问，他又不是我的身体，怎么会知道我的感受呢？答案是，他通过我的情绪可以发现。也许他看到我愤怒的表情，也许他看到我僵硬的手脚，总之他因为可以分辨出我的情绪，便知道了我的感受。

情绪是我们为人处事的量表

每个人的感受只有自己知道，但他的情绪可以帮助他人解读出感受，因此，情绪也就成了我们为人处事的量表。

比如，当你跟我说话的时候，看到我的脸越来越红，越来越红。你便会猜，你的话让我产生了某些感受。可能是尴尬、害羞、兴奋，也可能是愤怒。这个时候，你是不是就要问一问我，到底发生了什么？如果是愤怒的话，那么最好就不要再讲这么多。

同样，当你跟我说话，发现我的脸色越来越白，甚至我整个人的肌肉都僵硬了。你是不是就应该猜测，我现在可能感受到了什么，是恐惧吗？或者，你说话的时候，看到我的手开始越握越紧，紧到一定地步的时候，我的全身开始抖动了……这又是为什么呢？你是不是最好什么都不要讲了？还是等着挨揍？

上面这些，是我们的情绪帮助对方判断这件事该不该做。同样，对方的情绪也帮助我们判断某件事要不要做，该怎么做。

比如说，我发现一个好朋友今天的情绪特别不好，我想帮她，但是该怎么帮呢？我可能会给她讲个我认为很好笑的笑话。如果她听了以后哈哈大笑，而且脸部的表情明显放松了，这时我就知道，原来她情绪不好时我讲笑话对她是有帮助的。那么我以后就可以多讲，因为这个方法对她很有效。

我发现另一个好朋友的脸色黑黑的，我也想帮他。我讲了一个很好笑的笑话给他，谁知道他听完后不但不笑，脸变得更黑了。他心里大概在想：我都这么不高兴了，你还跟我讲什么笑话？显然，讲笑话这件事对他而言一点也不适合。也许我只要问候他一下就好了。当我跟他说"看你今天心情好像不太好，有没有需要我帮助的"之后，他的脸色放缓下来，我便明白这样做对他有效果，以后也会尽量表达关怀。

所以，情绪是我们为人处事的量表：我的情绪帮助对方判断，他们是否要那样做；他人的情绪也帮助我判断，可不可以这样做。

那么，我们再进一步分析。如果有人要求我们做一件事，我们该如何判断自己要不要做呢？同样，我们要问一问自己的身体感受和情绪，它一样可以帮我们做判断。如果我觉得，做了自己很高兴、很喜欢，那么就可以多做；但如果觉得不喜欢，那么我最需要做的，是告诉别人我真正的感受是什么。

所以，情绪很有用。它能够教我们在跟别人交往的时候，该怎样为人处事，应该把界限定在哪里。

父母时间

如何提高孩子的情商？

我们通过一个人的肢体动作、表情、声音高低、行动快慢，都能够去更多了解别人的想法。那么我们对于孩子的培养，也是要教导他们多观察别人：当对方听到什么话以后脸色就变了，或是某人做了什么事情之后，别人就变得很不开心了。这些都能够让孩子学习，读懂别人的情绪。

通过不断地观察他人，感受自己，孩子会逐渐形成一种意识，比如当有人跑过来跟他讲"孩子啊，你能不能如何如何"的时候，孩子听到他声音那么急，语速那么快，就应该能分辨出这个人现在很紧张。既然对方很紧张，自己就千万不要拖拖拉拉，或者是讲话有气无力。甚至别人都已经很急了，自己还在自顾自地玩游戏、听电话。这样做是会激怒别人的。

家长对待孩子和他人的方式，也很重要。当我们知道孩子或者朋友着急的时候，即使自己帮不到对方，至少可以告诉他"好的，我知道你很急"。还记得吗？情绪需要被看到。这样的表达方式，也可以教给孩子感受、理解和掌握。一个高情商的孩子，会懂得让对方知道他的情绪已经被看到了，这对对方很重要。

孩子的情绪，也是情绪

在这里，我再讲一个案例，这样的事情很常见。

我有一个朋友，她老公是个很有学问的人，同时也是个很棒的教育专家，专门教导别人怎样教育孩子。他们有两个孩子，大儿子教育得很成功，但小儿子自从上中学后就变得非常不听话，非常叛逆。他们夫妻两个越是按照自己认为正确的方式跟儿子沟通、教导小儿子，小儿子的行为就会明显变得越糟糕。

这个妈妈认为，我讲的肯定是对的呀，于是就会按照自己的方式加倍管教。结果，这个孩子也便加倍地叛逆。这位妈妈非常不解：明明我是对的，而且在大孩子身上非常成功，为什么在小儿子这里就不奏效，甚至起到相反的作用呢？

接下来就是我最希望大家思考和学习的部分。这位妈妈为什么觉得她的方式在大孩子那里是成功的呢？自然是因为大孩子表现很好、很听话，也因为她从孩子的情绪上可以获知自己的方法让对方快乐和充满生命力，因此可以多做。但是，如果一种方法越用孩子的情况越糟的话，那她就不能因为这种方法在大儿子那里奏效，而判定问题一定是出在小儿子身上，而不是自己方法不对。

我想说，我们要把别人的情绪当作自己行为的量表，这个"别人"当然也包括我们的孩子。我可以这样做吗？我可以加倍做吗？答案全都取决于我做过之后，孩子的情绪是什么。我们不能希望一个方法对所有人都管用。如何拿捏做与不做呢？主要看对方的情绪，以及我们自己的感受。

我曾经做过一个厌食症孩子的咨询。孩子的妈妈是个很有名的校长，她在咨询室里直接对孩子说："你不要这样对妈妈，你知道你这样做，我有多么痛苦！"

这个孩子对妈妈说："妈妈，你说你很痛苦，你最多就是痛苦这几个月，你知道我痛苦了多久吗？从我很小的时候开始，你就这样子对我，你把自己认为对的东西用在我身上。你想要的东西就会逼我接受，无论我如何表示不想要、不愿意，你还是逼我，一定要我去做。你完全不把我的情绪当回事。因为你总是有很多道理，因为你是校长，你们做教育的人都有很多道理……"

我分享这两个案例，是想提醒大家，我们常常用自己的感受去衡量孩子的感受。甚至越是做教育、越是对自己的方式充满自信的人，就越容易不把孩子的话当话，不把孩子的情绪当情绪。所以请时刻提醒自己，关于情绪的第二个特点：情绪是感受的外在表现，是我们的为人处事的量表。

第 9 讲

情绪的本质：无对错

这一讲我们来讨论情绪的第三个特点：情绪就是情绪，没有对错。

情绪是身体给自己的信号

万物皆有情，人类尤其多。每个人天生就会有很多的情绪，因此大自然也就赋予了我们很多处理情绪的方法。

比如说哭。在生物里只有人的哭如此复杂，而每一次哭都会牵动我们脸部的很多神经。同样，笑也是既自然又复杂的情绪处理方式。还有画画。我们从两岁开始就能够涂鸦，随着年龄的不断增长，画画的能力也越来越好，一直到我们长到 11 岁为止。此外，还有做梦，这是一种帮人们把无法说出来或不容易表达的情绪进行处理的方式。

每个人的情绪都属于他的身体，是身体发给自己的信号。比如说你现在感到口渴，这是你的身体产生的一个感受。口渴会带来不舒服的情绪，于是会形成推动力促使你去做一些事改变这个不舒服，结果你就会去喝水。所以，情绪就是感受的信使，负责把身体的信息传递给你的大脑。

说到这里，我想到一些很好笑的场景。我们经常听到父母对孩子说"你还没有吃饱"。这时如果孩子说自己已经饱了，他们马上会说："不，你一定没有饱，再吃一碗。"然后孩子再说："我真的饱了！"爸妈再反驳："再吃一碗，不吃饱不让你出去玩。"

父母经常会质疑和否定孩子的感受。孩子嘴里说出的"我不饿""我不冷""我不累"，他们是完全听不进去的。这些情况，都是没有尊重孩子自己的感官体验，进而不尊重孩子的情绪。

同样，也有很多人会忽略身体发给自己的信号。比如，有时候打游戏上瘾，口渴了不去喝水，肚子饿了不去吃饭,感觉累了不去睡觉。他们用强大的大脑来控制自己的感受,对自己说:"我还没有累,我还可以的。"但这样做没有用,身体会持续给他发送信号,越来越渴,越来越饿,越来越累。

我们的身体没法用语言告诉我们信息,只能通过感受传递。所以我们要学会做身体的好朋友,认真体会信使告诉我们的信息。如果你身体某个部位很痛的话,你一定要安静下来,问一下自己的身体:"你想告诉我什么?为什么这个地方痛呢?"然后你会很惊讶地发现,通过感受,我们能够知道很多关于身体的事情。

不要排斥任何情绪

情绪是身体感受的信使,因此情绪本身是不分对错的。我们不能说口渴是错的,愤怒是错的,嫉妒是错的,温暖才是对的,快乐才是对的……情绪只负责把身体的感受忠实地传递给我们,它传达的信息就是身体自然呈现出来的状态。

我经常给学员们做一个实验:我告诉他们我要送给他

们一件玫红色的衣服，让他们告诉我他们最直接的感受，喜欢还是不喜欢。每一次我都会最少询问20个人，每次都会有两种态度：有些人看了以后说很喜欢，因为觉得喜庆，觉得兴奋；也有人告诉我他不喜欢，没有为什么，就是不喜欢。

说实话，如果有人送我这种颜色的衣服，我估计是永远不会穿的，因为我就不喜欢这种颜色。但是我也看到一些人特别喜欢。那么人家的喜欢和我的不喜欢，有对错之分吗？没有。所以，我们要做的就是把情绪只当作情绪，无论是别人的还是自己的，舒服的还是不舒服的。接纳这个情绪，不拒绝这个情绪。

有些人对自己的感受和情绪是很排斥的。比如说有些女性，她们不能接受自己的愤怒，因为她们觉得女人不应该脾气太大，不应该随便愤怒。所以当她们真的很生气的时候，她们也不能接受这种生气。

我想跟这样的女性讲，情绪不分对和错。那一个愤怒的你，就是真实的你。你要做的不是排斥和抗拒这个愤怒，而是要明白这个愤怒到底要告诉你什么，你的身体在向你传递什么信息，然后去做相应的事情就可以了。

情绪没有对错，所有的情绪都能够产生能量，如果你会利用，它们便都是有用的。所以，我们要学习的是喜欢、接纳和尊重自己的每一种情绪，同时也喜欢、接纳和尊重别人的情绪。

你一定可以成为自己情绪的主人

我前面已经讲过，每个人都是自己情绪的第一责任人。在这里，我想再跟大家分享一个真实的案例，这也是一个很有名的实验。

我们曾经去过十几所小学，去寻找那些总是被排斥、被嘲笑、被欺负的孩子，同时也找到那些喜欢霸凌别人的孩子——他们通常是四五个人一起，去嘲笑或欺负某一个孩子。我们分别跟这个被欺负的孩子以及那些霸凌别人的孩子说：今天我们来玩一个游戏。游戏的前提是你们不能碰对方的身体，必须保持足够的距离。在这个前提之下，那四五个孩子可以随意用各种各样的语言、各种各样的动作，包括他们平常经常使用的方式去捉弄那个孩子。如果他们成功地让那个孩子哭了、发怒了或者反击了，那么他们就获胜，可以得到 100 元奖励。但如果过了 10 分钟，那个孩子还是很平静，没有哭，没有特别地生气，更没有反击，那么这100元就是那个孩子的。

因为这个游戏只有奖赏，没有处罚，所以两边的孩子都答应了。那么你们猜，10分钟之后，哪一方会得到那100元呢？答案是，十几所小学里得到的结果都一样，那个平日里被欺负的孩子赢得了这100元。

我们跟这些小孩子说："今天我们教导的不是让你不要生气，因为有些人说的话、做的事真的很让人生气。所以，生气是可以的。但今天，我们也特别想让你知道，你不要因为被他们影响而生气，而且，你是完全可以做到的！"

我们问那些赢得奖励的小孩子，是如何做到既不哭也不生气的。孩子们说："我知道他们想赚这个钱，但是我绝不会让他们成功。""我知道他们就是故意的，那么我就不要掉进他们的陷阱里面。""我一定要把这个钱赚到，气死他们！"总之，在那10分钟里，这些平日被欺负的孩子都表现得非常平稳，而我们通过这个游戏让这些孩子知道：你才是自己情绪的主人！

这个世界上有各种各样的人，我们没有办法阻止他人，但是我们可以改变自己，让自己变得更强大。这就好比你在大楼一层的时候，那里有好几个人在说你坏话，批评你、嘲笑你，你听到后很受影响。那么你可以做什么？你可以走到第五十层楼去。当你走到第五十层的时候，下面讲什么话你就一点都听不到了，因为你站得更高、你更加强大了。又或者，你留在一层楼，但你改变自己的想法，不受他们影响，那么你也就成了自己情绪的主人。

这个道理不单单只对这些孩子有效，对我们每个人都是一样的。没有我们的允许，任何人都不能影响我们。生活中，我们难免会碰到一些心怀叵测的人，他们故意说一些话、做一些事让你生气。比如说有些同事，他们看你不顺眼，或者有竞争关系，于是会想方设法说一些话让你难过。但难道你每天都要落到这样的人手中吗？你一定要把这么大的权利拿回来，你来做自己情绪的主人。

这就是情绪的第三个特点：情绪只是情绪本身，没有对错。

情绪就是情绪。如果我想要别人知道我的情绪，我要负责告诉对方。因为身体是我自己的，感受也是我自己的，没有人有我的身体，也就不会知道我的感受。因此，如果我想要对方知道我的感受，我要去告诉对方。但是，没有人可以操控我的情绪，我可以做自己情绪的主人。这样的话，我们就能过得轻松、自在、快乐，而不是常常掉进人家的陷阱里面去。

第 10 讲
通过情绪觉察自己

前面我们讲了情绪的三个特点：第一，情绪会产生大量的能量；第二，情绪是感受的外在表现；第三，情绪不分对错。所以，一个人要和自己的身体做好朋友，它给你传递什么样的感受，什么样的情绪，你要好好听，多留意。那么，我们怎么才能听懂身体要对自己说的话呢？这便是本讲要来讨论的内容。

当不舒服的感受产生时，要问自己三句话

当我们碰到了一些很不舒服的情绪时，比如说愤怒、

嫉妒、痛苦等等，我们需要问自己三句话，来处理身体传递给我们的每一个不同感受。越是能够和自己的身体做好朋友的人，对自己身体的感受就越敏感，也能够做出更快、更准确的应对。

那么，是哪三句话呢？

第一句是："何人何时何事？"当我们有了一个情绪之后，首先要去察觉我们是在什么时候，和什么人在一起，遇上什么事情，从而让自己产生了快乐或者痛苦的情绪。

第二句是："这种情绪想要告诉我什么？"每一个感受、每一种情绪，都传递着特定的信号。简单的比如口渴了，信号就是需要喝水。我感觉到非常疲倦，就是身体在告诉我需要休息。这些信息其实都非常明确，可惜很少有人关注身体的某种感受，是想要告诉自己什么。

如果我们能关注和理解身体的信号，就可以去做一些事情。因此，我们要问的第三句话是："我可以做些什么？"比如说，如果我发现每次碰到某类人，就会感到很痛苦。那么我可以怎么做？至少有一种方法，就是以后碰到这样的人就离远一点，更不要花时间与这样的人有深入的交往。这样的话，我们可以减少痛苦的可能。

下面，我来给大家举一些例子。当一些不舒服的感觉到来时，我们该如何分辨它传递的信号，以及可以做出哪些行动。

关于愤怒

我们先来讲愤怒，因为大多数人都很清楚什么叫作愤怒。那么，当产生愤怒的感觉时，我们要先问自己第一句话：何人何时何事，引起了我的愤怒？

比如，我非常清楚自己什么时候会压不住自己的愤怒，就是当我看到很小的孩子被别人欺负的时候会感到一股怒火噌噌地蹿上来。被欺负的孩子年纪越小，我就越愤怒。我发现在那一刻，我的怒火是挡都挡不住的。不管我跟自己讲什么道理，都很难把那种愤怒压制住。所以我就知道，这种情况下我会愤怒。

那么接下来，我就要问自己：这个愤怒想告诉我什么？愤怒要传递的信号是什么呢？

你知道吗？我发现答案就是一个字：不！也就是说，当我愤怒的时候，我的身体就是在告诉我一个大大的"不"字。"不"什么呢？不行！不可以！不对！不应该！

我不喜欢！我不愿意！我心里的那个"不"字越大，我的愤怒就越多。

我的愤怒常常和小孩子有关。一般来讲，很多令别人感到愤怒的事情，我都不愤怒的。但是如果我看到或者得知有小孩子被人无缘无故地欺负，我的愤怒就会到来。而当我感到愤怒的时候，我的身体就会告诉我"不行"。听懂这个"不行"之后，我就一定要做些事情。

我通常不太管别人的事情，因为我认为别人的事情应该由别人处理。可是当我看到一个小孩子被欺负的时候，我的愤怒就会上来，然后我就会出手。几乎是每一次看到，每一次都要出手。我做不到看着一个小孩子被欺负，自己什么都不做。而当我做了要做的事情之后，我的愤怒也就降下来了。

所以，我的愤怒是告诉我"不行""不公平""不可以""不愿意"。这种愤怒会给我一份力量，让我去做些什么。我清楚记得有一次我看到一件很不公平的事情。在看到之前，我的气是整个沉在下面的。当愤怒到来的时候，我真的感觉到有一股气从丹田一直向上、向上，不断地向上一直到我的喉咙。于是我决定要去说些话，我要去表达我的不满。等我表达完，我的气就消了下来。而如果我感到愤怒却什么都没做，那股气就会一直留在身体里面。

关于悲伤

我想请大家看一看"伤"的繁体字：傷。从它的字形我们更能看出伤是怎么造成的。"傷"字里有一大一小两个"人"，以及一个"昜"字。我们知道，"昜"这个字代表着变化。那么，最大的伤是什么？就是心理学所讲的，一个人和另外一个人的关系发生了变化。比如，可能是一个人离开了，或者去世了，还有可能是两个人吵架了。总之，因为种种原因，他们的关系改变了。

而"悲"字呢，"非心"意味着"不是我想要的"。也就是说我和你的关系变了，但这并不是我心里想要的，于是就产生了悲伤。所以，当我们感到悲伤的时候，通常都是因为人与人之间的关系出了问题。

那么悲伤想要告诉我们什么呢？我看到的是：终有一天我会失去你，或者，终有一天一个人会失去另一个人。可能是那个人去世了，可能是两个人产生了过不去的坎，于是一个人去了别的地方。总之，再相爱的人，都总有分离的一天。而悲伤教导我们的就是要珍惜。如果我们不懂得悲伤，也就很难懂得珍惜，悲伤想告诉我们的恰恰是："这个人终将离我而去，那么我唯一能够做的就是珍惜当下。"我们能在一起一天，就珍惜这一天；我们能和好一个月，就珍惜这一个月。珍惜当下，才能够减少悲伤。

有一次，我看到爸爸的背影，突然发觉他已经老了。那一刻，一股沉重的悲伤从心底涌了上来。那是我第一次感到特别沉重的悲伤。从那时候开始，我就开始珍惜每一次和爸爸在一起的机会，也做了很多事情去珍惜那个当下。后来我爸爸去世的时候，说实话，我没有其他人那么多悲伤。因为爸爸在世的时候，我已经做了珍惜当下的事情了。

关于害怕和恐惧

害怕是每个人都会有的情绪，那么害怕是要告诉我们什么呢？它和恐惧有什么不一样呢？

害怕要告诉我们的就是不确定。对于任何我们不确定的事情，我们都会害怕，而且越不确定就越害怕。我们不确定考试会考得怎么样，今天的我们不确定明天会发生什么，所以对于未来，对于不确定的事情，我们总是有一分害怕在里面。

那么，如果我们感觉自己害怕到受不了了，应该怎么做呢？就是去尝试，尽己所能去获知更多的信息。知道得多，不确定就会减少，那么害怕的感觉也就会减轻。比如说我害怕考试，那么我就努力准备考试，然后问自己是不是该准备的都准备了。如果是，那么害怕就会减少很多。

我们再来看看恐惧。害怕是因为未知，而恐惧则是因为觉得危险。这种对危险的担心，不是用头脑分析出来的，而是用身体感受到的。很多时候，我们身体的感受是很准确的。我们跟一个人在一起的时候，这个人并没有伤害自己，但你却莫名其妙就有种恐惧的感觉。那么，请信任自己的恐惧。你的恐惧在告诉你，和这个人在一起是危险的，虽然你根本不知道为什么。收到身体对你发出的危险信号，你要做的就是保持警惕，多留些心眼。至于这个人到底危不危险，是不是可靠，那是以后的事情。

我记得有一次我坐在车上，看到远远的有一个男子向我走过来。我没见过这个人，但我马上把我的车窗摇了上来。后来别人告诉我，这个男人确实被怀疑做了很多坏事。但当时我并不知道这些，只是看到他向我走过来，就很自然地把车窗关好了。我知道当时那种感觉不是害怕，而是恐惧。恐惧所传递的信息就是：危险。

关于恨

恨是一种很浓烈的情绪，它产生的能量也很大。如果不能处理好的话，它会给身体带来很坏的影响。那么，我们为什么会恨？恨是从哪里来的呢？

恨是当一个人的五大天性被强行压抑的时候，身体里产生出来的能量。人的五大天性分别是爱、与他人联结、价值感、安全感和独立自主。后面我会详细讲解这五大天性。现在只需要知道，这五种天性受到压抑的时候，恨便会产生。

有人压抑了我们的爱，让我们变成一个不敢爱、不能爱、失去爱的人，我们对这样的人就会产生恨。同样，如果因为某个人或者某件事，我们从此不能或者不敢再与他人联结，那么对这个人或者这件事也会产生恨。

如果有人包办我们的所有，让我们失去独立自主的能力，变得没有选择，我们会对控制我们的人产生恨。如果有人伤害我们的自信，一直贬低我们的价值感，那么久而久之，我们会对这样的人怀有恨。我们所有人都需要安全感，因此当有人不断地威胁我们，说一些让我们感到恐惧的话，或者做了伤害我们安全感的事，我们对这样的人也会产生恨。

> **父母时间**
>
> ### 为什么有的孩子会恨父母？
>
> 我们讲过，有人压抑我们的五大天性时，我们会恨他们。那么，当我们压抑了对方的五大天性的时候，他们也会恨我们。如果我们使一个人不能爱，不敢与人联结，我们让他失去安全感，不给他独立自主的机会，一直不断地贬低他的价值感，那么久而久之，无论我们多么关心他，在乎他，为他做多少事，他都会对我们产生恨。
>
> 因此，当孩子对父母产生恨的时候，做父母的需要检视一下自己的行为，有没有怀着爱的意图，做出压抑孩子五大天性的事情。

关于焦虑

最后我们来看看焦虑。

焦虑是怎么来的呢？它来自两个"我"的落差：一个是"理想我"，一个是"现实我"。"理想我"减去"现实我"的差额，就是我的焦虑。

不过大家要注意，这个所谓的"现实我"并不是真正的我，而是我对自己的评价。比如说，"理想我"是 100 分，它代表着我想要达到的境界，而真实的我可能只能达到 50 分。但我总对自己不满意，所以当我给自己评分的时候，永远觉得只能打 30 分，也就是说"现实我"是 30 分。所以我的焦虑有多大呢？有 70 分。如果我的"理想我"分数没有那么高，或者我对自己的评价没有那么低，我的焦虑都会少一些。所以，当我们感到焦虑的时候，要问自己，是不是把"理想我"放得太高了，或是把"现实我"看得太低了。

那么，了解了焦虑的来源以及它传递的信息之后，我们可以怎么做？有两个方法：一个是降低自己的"理想我"，一个是提升"现实我"。比如，我们站在第三方的视角，更客观地认识自己的能力，降低"理想我"的分值；

同时我们可以勤学苦练，提升"现实我"的能力，这样我们会给"现实我"打分更高，焦虑也就会减少一些。

当然，没有人可以完全不焦虑。即便你在工作方面或生活方面不焦虑，但是在其他事情上，也不会每样事情都能做到不焦虑。那么，怎么才能达到相对来说的不焦虑呢？也就是说，怎样能让"理想我"和"现实我"的差额接近于零呢？

答案就是：<u>活在当下</u>。

比如说，我正在写这本书，那么我要做的就是，我此时此刻坐在这里能够书写出来的，就是我当下最好的程度。我对着电脑，敲下每一串文字时，我的心里是没有焦虑的。因为我接纳当下，我知道我已经尽力做到最好了。因为如果可以更好，我自然早就去做了。我没有做，自然就是做不到。抱着这样的心理，我在写书的时候就没有焦虑。

第二部分 找出深层情绪的源头

做自己的心理治疗师，爱自己，包容自己，成为一个情绪稳定的人。

第11讲
处理深层情绪：面对原生家庭

我想，正在读这本书的你，或许已经读了很多情绪管理方面的书，也曾经尝试去学习和实践。但是，或许你发现自己学了很多，做来做去，还是没办法成为情绪稳定的人。出现这种情况，往往和一个人的原生家庭有关。接下来，我们就来处理原生家庭的未了情。

什么叫作原生家庭？简单来说，就是我们和父母的关系。而原生家庭里留存的深层情绪，就是指在成长中我们对父母没有说出来的话，没有解决掉的悲伤或愤怒。比如说，你的父母冤枉过你，或者你曾经被不公平地对待，或者你对父母始终有渴望，希望能得到他们的爱和保护……所有这些你有期待但是没有得到的，都会成为你心里的痛苦、悲伤或愤怒，这就成了你和父母的未了情。

我们知道，情绪能量是不会自行消失的，我们必须处理它。所以，想成为一个情绪稳定的人，我们接下来要做的就是处理我们与父母的关系。

爸爸与我们的自我价值

我们与爸爸的未了情，常常和自我形象、自我评价和个人价值感有关。也就是说，爸爸对我们的态度，对我们的评价，对我们肯定和鼓励的方式，影响到我们对自己的评价。

我们觉得自己有价值吗？觉得自己优秀吗？觉得自己这个人还可以吗？这些在成长过程中都会受到爸爸态度的影响。如果你是个女孩，而你的爸爸刚好重男轻女；或者你家里有好几个兄弟姐妹，而你偏偏是爸爸不重视的、容易被忽略的那个；或者无论你做什么，爸爸都会告诉你还可以做得更好……这些都会大大地影响到你的自我形象和自我评价。即便你将来做得还不错，甚至可能很有成就，内心里都容易觉得自己不够好，情绪也会受到很大影响。

所以，爸爸的赞美和认同，会建立我们的自我形象。如果爸爸觉得我们窝囊，我们就会觉得自己窝囊；爸爸觉得我们不重要，我们的价值感就会很低；爸爸觉得我们没出息，我们就会非常愤怒。

这些都是我们对爸爸可能有的未了情。长大成人之后，我们一方面要感谢爸爸为我们的付出，另一方面也要去处理心里面的未了情。

妈妈与我们的安全感

妈妈对我们的影响和爸爸不太一样。如果妈妈觉得我们不够好，但爸爸觉得我们非常好的话，我们通常会选择相信爸爸。这是爸爸比妈妈影响大的领域。但妈妈的状态，以及她对我们的态度，会很深地影响到我们的安全感。如果妈妈是个很情绪化的人，整天不是哭泣就是悲叹，或者妈妈和爸爸关系不和，总感觉自己生活在痛苦中，那么她对孩子的情绪就会产生很大的影响。

还有一些妈妈非常焦虑，她们特别希望成为更好的妈妈，但她们选择的方式是包办孩子的所有事情，替孩子做决定，不给孩子自己选择的机会。这样的妈妈养大的孩子，往往也会过度焦虑，会像妈妈一样情绪化，也很难独立自主。

所以，被情绪化和过度焦虑的妈妈养大的孩子，特别希望妈妈能够放手让他们自己做，希望妈妈能够信任他，当然也希望妈妈能够情绪稳定。这些都是大家需要处理的和妈妈的未了情。

做自己的治疗师

了解了我们和原生家庭的未了情之后，我们该怎样处理它呢？一般来说，有两个方法，一个是学习，另一个是治疗。

关于学习，我想说，对于原生家庭的未了情，并不是简单读几本书就能够处理好的，因为这里面有很多我们从小到大的生活体验。我们需要去上一些课程——无论是线下还是线上的课——我们需要切实地去做一些处理，特别是对于原生家庭里的"输家"来说。

什么叫作输家呢？就是怀有"我总觉得我比不上其他

兄弟姐妹",或者"我觉得自己很好,但是父母总是不那么看重我"这样未了情的孩子。这种成长中极大的不公平感,会让这些孩子有一种输家心态。怀着这种心态的人在与同学、同事相处的过程中,很容易被别人刺激到,时常就进入一种竞争关系。这样的人,情绪怎么可能稳定呢?而这样的状态,也一定不是看几本书就可以变好的。

很多时候,我们即使参加了线上、线下的课程,仍然处理不好这部分情绪,那么就需要做心理治疗。我们可以做心理咨询,但必须找到合适的并且信任的咨询师来做。此外,也可以学习做自己的治疗师。

怎样做自己的治疗师呢?简单来说就是通过各种学习来做到两件事:一个是爱,一个是宽恕。其实心理治疗不管是对别人还是对自己,不管是专业人士还是自己,最终学的都是这两件事:爱与宽恕。

当我们尝试处理原生家庭的不了情时,就是要学习爱父母和爱自己,宽恕父母和宽恕自己。当我们能这样做的时候,就能清理我们和父母之间的纠葛。一旦我们能够理解并接纳父母的局限性,理解他们只能够做到这么多,因为他们当时明白的、理解的也只有这么多时,我们就可以跟他们和解,自己的心才能够真正地平静下来。在这个基础上，我们再来学习前面讲过的那些情绪管理的方法，才会真正产生效果。

强妈妈弱爸爸家庭里的女儿

在这里，我想跟大家分享两个非常经典的原生家庭模式，来帮大家理解父母是如何影响孩子的。

我们先来看第一种关系：爸爸弱、妈妈强的家庭环境对女儿的影响。这里的"弱"，指的是这位爸爸在能力、品格或者生活习惯方面处于弱势或者有缺陷，而相比之下妈妈就比较"强"。这样的组合方式里，夫妻间的关系并不会很恶劣，通常的情况就是妈妈总是指责爸爸。那么，在这样的环境里，女儿会长成什么样的人呢？

一般来讲，这样家庭里的女儿会跟妈妈关系比较好，因为她会同情妈妈每天需要做很多事，要承担很多责任。女儿会更多地跟妈妈联结。而她对爸爸，往往会有很多恨，属于那种含有强烈不满的怨恨，恨爸爸不够强大。

那么有意思的问题来了。请问，这样一个女孩，她从小习惯了妈妈强爸爸弱，看惯了妈妈做很多事情的同时，带着恨铁不成钢的怨恨不断地指责爸爸。那么她长大之后，会找一个强的还是弱的结婚对象呢？

根据现有的研究结果，她们中有三分之二的人会找弱的，另外三分之一会找强的。那么，为什么多数强妈妈弱爸爸家庭长大的女儿会找一个弱伴侣呢？她们不是很看不起自己的爸爸吗？

作为女儿，她们虽然会对爸爸有很多的不满和怨恨，但其实她们都很想帮爸爸做出改变的。当然，她们在现实中几乎无法帮到爸爸，于是她们下意识里会寻找弱一些的男人来当丈夫，并试图帮助他们强大起来。等结婚之后，只要这个男人在任何方面显得稍微弱一些的时候，这个女生的原生家庭未了情就会被勾起来，她会很自然地认为丈夫就像她爸爸一样弱，需要帮助——虽然他们也许完全不一样——于是，她就会想方设法去改变这个男人，使他更能干、更强大，以此来满足她无法改变爸爸的缺憾。

这是我们人类心理中一个很有趣的现象。当这个女生把自己当作救世主，想去拯救她丈夫的时候，我们几乎可以肯定她的婚姻好不了，她的情绪也很难稳定。这种状态下，她学习任何情绪管理都没用，她必须先处理好她和她爸爸的未了情。她需要看到，其实爸爸没有她想象中的那么弱，他其实做了很多他自己可以做的事情。而且作为爸爸，一个弱爸爸，他们通常对女儿是很好的，会给女儿很多的爱。如果女儿能够化解心里的这部分纠结，那么她的婚姻生活就不会那么痛苦了。

强爸爸弱妈妈家庭里的儿子

现在来看一下另外一种经典的原生家庭模式，就是强爸爸弱妈妈，加上一个儿子。在这样的家庭里，爸爸的脾气通常大得不得了，他很容易愤怒。这种家庭里最常见的场景，就是妈妈一些话没有讲对，或者一些事做得不完美，爸爸就会跳起来指责妈妈、欺负她、骂她，甚至动手打她。

爸爸施暴的时候，妈妈通常会看向儿子，希望他能做点什么。但一般来说，这时候儿子什么都做不了。因为在家暴的家庭中，如果儿子站出来帮妈妈的话，爸爸会把儿子打到半死。所以一般来说，儿子都不敢去阻止爸爸，保护妈妈。有些孩子或许会尝试一下，但却再也不敢了。这种家庭里的儿子，心里会有很多恨，因为他阻止不了爸爸，帮不了妈妈。他内心里积攒了很多的愤怒和恨。有对爸爸的恨，也有对妈妈不够强大的恨，也有对自己太软弱的恨。

那么我们再来猜一下，这样一个男孩，他从小特别想要救妈妈却做不到，他一心希望妈妈强大起来，那样自己也不至于那么痛苦，他将来结婚的时候，会娶一个性格偏强还是偏弱的女人呢？事实的状况是一样的：他们中有三分之二的人会娶跟他妈妈一样的弱女人。为什么呢？

因为当年他不能救他的妈妈，现在他希望在现实的生活里面，终于能够救一个女人。所以，他非常容易被弱的女人吸引，等到结婚之后，他会千方百计把这个女人变成他心目中理想的女人，包括让她从弱变强，以完成他的拯救计划。或者，他会要求这个女人完全听他的话，这样他就能保护她了。但是，性格再弱的女人也不可能完全听丈夫的话，而她们就算变得再强，也达不到这个男人理想中的样子。因此，这样的婚姻也注定是痛苦的。

所以，无论男人还是女人，我们都需要让自己从这样的未了情里面走出来。一旦我们和父母和解了，接纳他们了，我们也就能安心了。

第 12 讲
做自己的父母

我们在处理原生家庭的未了情的时候,除了要去处理自己和父母的关系,还可以做一件事,就是成为自己的好父母。

这句话是什么意思呢?这里有一个关于我学生的案例。

"我可以自己来完成这件事"

我的一位学生在读高中时他家里的经济出了大问题。他告诉我,整个高中三年,他没有一天是吃过一餐饱饭的。因此，他整个人看上去特别瘦小。但是他的情绪很好，从来不抱怨父母，因为他知道他们已经在尽力养活他和弟弟了。或者说，他们已经在自己的能力范围内做到最好了。

高中毕业之后，他马上参加工作了。他拼命地打工，甚至一天里除了正式工作，还接好几份兼职。周末的时候更是根本不休息，能多做就多做。他说："我的爸爸妈妈没有办法让我吃得好、住得好。现在我长大了，我可以自己来完成这件事。"

因为这个孩子很努力，同时又很认真、负责，所以他很快就有了一些积蓄。然后，他便用这些钱读夜校。也就是说，当父母能力有限的时候，他自己挣钱养活自己，供自己读书。最后，他不但能养活自己，还能够帮助父母改善生活。

我讲这个学生的故事，就是想让大家知道，如果我们的父母在心理上真的不能够喂饱我们，不能够给我们好的自我形象，不能够给我们足够的安全感，我们也不是必然会成为一个情绪化的人。因为我们可以做的是，成为自己的好爸爸、好妈妈，给自己足够的心理营养。

接纳他的局限，做自己的好爸爸

我在上一讲说过，爸爸主要影响到我们的自我形象、自我评价。那么如果我们的爸爸忽略我们、不认可我们，我们该怎么做呢？

还记得我在引言里给大家布置的"打卡 21 天"的小练习吗？我建议大家从今天就开始做这件事，而且不是 21 天，是坚持 105 天。从今天开始，每天用四五百字的篇幅，记录下你今天做了哪些值得你肯定、赞美和认同自己的事。你可以写给自己看，也可以每天写完之后发给另外一个人看。他可以是你的亲戚或者好朋友，在心理学上我们把这个人称作你的"守望者"。记住，每一天，写下对自己的肯定、赞美和认同，坚持至少 21 天，最好达到 105 天。

这件事看起来容易，但对一些人来说做起来很难，尤其是对那些从小到大都没有得到过父母肯定的人来说。在很多人看来，一个人需要做到有成就，才值得被肯定、赞美和认同。其实不然。

我在做家庭治疗的时候，如果父母和孩子一起来，我常常会叫爸爸亲口告诉孩子，他觉得孩子的三个最大的优点是什么。但是让人惊讶的是，这些爸爸常常想来想去，真的很认真地在想，但最终一个优点都没有说出来。

每当这个时候，我都会跟爸爸说："你真的想不出来吗？那么我来说给你听，因为我也了解你的孩子。"当我把我看到的孩子的三大优点，比如善良、孝顺、愿意帮家里做家务等优点说出来时，爸爸们通常会点头说："是啊是啊，他真的是这样的！"我问："那为什么你不说出来呢？"爸爸们的回答很相似，他们认为这些是理所应当的。

所以，如果你的成长中从没有得到过爸爸的赞美、认同，那么你现在坚持去赞美和认同自己，确实特别困难。但是，正因为你没能从爸爸那里得到它，你现在更要好好对自己做这项功课。

你把它当作一个练习，坚持每天做，它慢慢就会成为你的一个习惯。需要注意的是，你要着重关注、肯定和赞美某个过程，而不是达到了什么成就。你肯定和赞美的最好是自己在某方面的品格，比如毅力、好学、善良、热诚等等，包括你的坚持。这些都是你值得去肯定的。

当你能够坚持，并且习惯于经常肯定自己、赞美自己时，你就会看到你的自我形象大大提升了。因为自我形象从来不是别人讲的，而是自己认为的。这样就能够弥补爸爸当年做不到的部分。

不过，这个时候我们还要想，爸爸做到的是什么呢？他很努力地赚钱，把我们养大，给我们比较好的生活。也许在心理营养方面他真的不懂——我们的上一辈人，几乎没有人懂心理营养。他们即便做到了，也是无意识做的。所以，今天的我们要能够接纳上一辈人的局限性。我们现在长大了，可以自己做自己的好父母了，可以给足自己心理营养了。

补足安全感，做自己的好妈妈

我们做自己的好父母，第一个要做的是补足爸爸的部分，给自己肯定、赞美和认同；而第二个要做的，就是补足妈妈的部分，给自己足够的安全感。那么该怎样给自己安全感呢？

首先，努力成为一个情绪稳定的人，也就是这本书帮助你做的事情。我们要成为自己情绪的主人，能够处理和管理自己的情绪能量。当我们能够控制自己情绪的时候，我们就会信任自己，知道自己不会失控，不会不理智地去处理事情。这便是安全感的来源。

其次，<u>我们要努力学习创建良好的人际关系</u>。人际关系中首要的是夫妻关系，然后是亲子关系，接下来就是和自己家人的关系，之后便是朋友关系、同事关系、上下级关系等等。任何一种关系维护得好，都会增加我们的安全感。而如果我们和别人关系不好，我们会觉得自己有问题，因此损失掉我们对自己的信任，也就会影响到安全感。

最后，<u>允许自己一面怕一面做</u>。允许自己害怕是很重要的。很多人没有安全感，因为他们内心里有很多担心和害怕。这个时候，你要做的是去面对你的担心和害怕。你告诉自己"我的这个怕是真的"，然后一面允许自己怕，一面努力学习和练习。

当你经过学习和练习做成了某件事之后，对于这件事你就从害怕变成了知道，于是就给自己增加了一分安全感。我们每完成一件事，就会给自己增加一分安全感。完成多一点，未知就少一点，安全感就增加一点。当我们鼓励自己去学习和尝试的时候，不要忘记告诉自己，失败也是被允许的。如果你很害怕失败，你就根本不敢尝试。

做完以上三件事,我们就成了自己的好妈妈,我们就给自己补充了妈妈没有给到的安全感。

第13讲
处理深层情绪：面对生命中的创伤

当你想成为一个情绪稳定的人时，首先要做的是学习"情绪"和"情绪管理"的基本知识。此外，你还需要学习处理自己和父母的关系。如果你情绪管理学得还不错，跟父母的关系也挺好，但发现自己的情绪还是非常不稳定，那么很有可能是因为你的生命中有一些创伤事件发生，而你还没有去处理它。这便是我们这一讲要讲述的内容。

大脑边缘系统里的不定时炸弹

什么叫作生命中的创伤事件呢？就是在你成长的过程

中，某一天可能突然遭遇了某件事，它给你带来很严重的伤害，很深刻的情绪体验。但当时的你完全没办法把它转化成生命能量，也没有能力把它舒放掉，于是这股情绪能量就一直储藏在你的身体里。我们的身体里有一个很特殊的地方，专门存储这些没有处理的能量，那就是大脑的边缘系统。

这些储存起来的能量平时不会显露出来，但是在某个时刻，可能一个特别小的事件，甚至一个简单的词语，就会触发这股隐藏的情绪能量，让你体会到当年那种创伤的感觉，你的情绪就会大爆发。过去的创伤使你变得阴晴不定，你不知道自己在什么时候，遇到什么事，就会表现出某种过激反应，比如突然破口大骂，或者大哭大叫。

一般来说，如果一个人频频出现这种情况，我们就可以判断，他成长中遭遇过一些创伤事件。这类事件有可能是遭遇天灾，比如突然之间发生地震，你看到一栋楼就在你面前倒塌下来；也可能是遇到人祸，比如遭遇恐怖事件，有人拿着一把枪对着你的头……不过不用担心，我们可以在长大之后随时去做治疗，来处理我们生命中的创伤事件，让它不再像一个不定时炸弹，导致我们在某个瞬间情绪爆发。

总体来说，我们治疗生命中的创伤事件主要通过两种方式，一种是学习，一种是寻找合适的心理咨询师。如果你选择通过参加一些课程来疗愈，我需要提醒你提前对课程进行考察，了解课程的具体设置以及之前学员的反馈。因为很多所谓的处理创伤事件的课程中，并没有真正进行治疗的部分。很有可能你的创伤在课堂上被引发出来，却没有获得有效的治疗，反而造成二次伤害。

相对而言，我更推荐找好的心理咨询师做治疗。在寻找心理咨询师的时候，告诉对方你要处理什么样的创伤事件，了解对方是否有相关经验，是否能够给你做治疗。也就是说，无论是上课还是找心理咨询师，都需要提前做好考察和沟通。

在你没有找到适合的课程或者心理咨询师的时候，也可以通过一些方式，自己帮助自己做治疗。下面我来详细讲解怎样帮助自己处理创伤。

自我治疗第一步：不是我的错

男性和女性最常遭遇的创伤事件是不一样的，但它们都会导致一个人即使长大之后，还会时时受到这些事情的困扰，成为一个在别人看来情绪极为不稳定的人。对于女性而言，最常碰到的会影响她们一生的创伤事件，就是遭受不同程度的性侵。而给男性带来严重创伤的事件通常是不同状况的霸凌。无论你遭遇过的是性侵还是霸凌，都可以通过问自己几个问题，来给自己做创伤治疗。

第一个问题：这件创伤事件的发生，是谁的错？

在有关性侵的案件中，我们惊讶地发现，很多被性侵的女性都认为，这件事情的发生是自己的错。她们认为自己哪里错了呢？有的认为因为自己不听话："明明妈妈叫我不要出去玩，我还是跑出去了。"有的甚至认为自己长得漂亮有错。也有一些女性认为是父母的错，因为他们没有好好保护自己。

总之，对于这个问题，很多人都没有弄清楚事实。事实上，无论是性侵还是霸凌，都是那个实施性侵或霸凌的人的错！而你，只是一个受害者！

虽然那个叔叔跟你说他家里有可爱的小猫、小狗，或者说有好吃的糖果，你就去了他家，但这并不是你的错，而是那个叔叔的错。因为他知道他要做一件坏事，但他还是那样做了，而且是在你对这件事还没有任何概念，或者没有反抗能力的时候做的。所以，这种事情的发生，一定是侵害你的那个人的错。

同样，被霸凌也是。那些霸凌你的人可能会讲很多话，他们可能嘲笑你，指责你，说谁叫你这么笨，谁叫你没人爱，谁叫你没有爸爸保护，等等，但这些都不是他们欺负你的理由。他们当然有他们的原因，比如他们在家里会被父母打，然后心里有很多的愤怒，来到学校后就要找个人欺负。或许，你刚好学习成绩不好，不自信，人际关系不好，很孤独，于是他们就对你下手。但，所有这些也都不是你的错，一定是霸凌你的人的错！

所以，你第一句要对自己说的话是："这件事情的发生，是欺负我的人的错，绝对不是我的错！"没有做错的人不必感到羞耻，不要觉得自己没用，然后看不起自己、拒绝自己。记住：你没有错，你不需要为这个错负责。

自我治疗第二步：我的伤口需要自己处理

对于成长中的创伤事件，我们首先要明确：不是我的错。但是，这件事虽然不是我们的错，但它毕竟是发生在我们身上，势必对我们自己有影响。因此，我们需要处理这个伤口。

这就如同有一天我们走在路上，突然有一条狗发疯了，冲上来咬了我们一口。这件事是我们的错吗？当然不是。但是，受伤的是我们，伤口在我们身上。因此，我们必须为自己做些什么。那么，做什么呢？跟狗打架？或者责怪自己为什么要走在那条路上？都不是。我们需要做的是处理自己的伤口，为自己做治疗。

同样的道理，当我们被性侵或者被霸凌，我们需要做些事情，要清理伤口，不让这次伤害产生持续不断的、更大的危害。虽然这个伤害是在成长的过程中发生的，但今天的你要对自己负责，不让这件事继续伤害你。

自我治疗第三步：爱自己和原谅自己

首先，我们要无条件地接纳自己，爱自己。什么叫作无条件地接纳自己？就是当你受到伤害了，被性侵或是被霸凌了之后，要接受这个已经发生伤害的事实，并且仍然爱这个被性侵过、被霸凌过、被伤害过的自己。

其次，原谅自己。为什么是原谅呢？因为这个创伤事件可能让你变成了情绪不稳定的人，成了会伤害别人的人。我认识这样一个女孩，她在遭受性侵之后便常常去欺负她的妈妈，轻则向妈妈发脾气，严重的时候会动手抓妈妈、打妈妈。她有一种心理就是"为什么你没有被性侵"，或者"为什么你没有保护好我"。

也就是说，虽然创伤事件不是你的错，但是在把伤口处理好之前，你可能已经做了些伤害别人的事情。对于这些做出的伤害，你是有错的。那么，你现在需要做的是，接受自己做错的事实，同时也原谅犯了错的自己，开始去爱自己，否则你会掉进自我伤害的深渊。

你可以对自己说："因为我不知道怎么处理自己的情绪，所以我对无辜的人做了一些不该做的事情。现在我知道我错了，并且开始学习处理自己的情绪。我原谅那个过去的自己，也会认真去学情绪管理，我依旧是值得被爱的人，我是有价值的人。"

要记住，<u>只有爱和原谅才能够真正化解所有的伤害</u>，我们要学习把这份心理营养送给自己。

自我治疗第四步：拥抱和感谢过去的自己

接下来要做的这件事也非常重要，就是你要告诉过去那个遭遇过创伤的小孩，今天的你不再是当年那个孩子，你已经长大了，已经可以自己来保护自己了。

你可以借助一些方式来帮助自己完成这个对话，比如在面前放一把椅子，上面摆一个靠垫或布偶，当作当年的自己。你首先告诉当年那个小孩，我今年几岁了，读到了什么大学，做着怎样的工作，拥有哪些能力，甚至是不是已经结婚了，并且有了自己的孩子。你认真地把自己的状况讲给对面那个小小的"我"听，讲完可以把它从椅子上抱起来。

你拥抱那个受过创伤的自己。你可以跟他／她说："当年发生了那样的事情，我知道你很愤怒，也有很多的羞耻感。这些感觉都很正常，我接纳所有这些感受。同时，我要感谢你——我不是感谢这件事情，而是感谢经历了这个事情的你——感谢你没有放弃自己，感谢你虽然很痛苦、不被人理解，但还是一步一步长大，没有扭曲自己。因为你不放弃，不扭曲，才会有今天的我。所以我拥抱童年的小小的你，感谢你经历了这些依然没有倒下，好好地走到了今天。"请完完全全地拥抱它，自己做几个深呼吸。这样就可以了。这种方法可以重复做。

以上便是你在找到合适的心理咨询师帮助你做治疗之前，可以自己帮自己做的事情。找个不受打扰的地方，找个充裕的时间，好好地问自己这些问题，给自己生命中的创伤事件做一个处理。

第三部分

成年人也需要心理营养

无条件接纳自己,给自己补足心理营养。

第14讲
心理营养的五大要素

在前面,我多次提到"心理营养"这个概念。这一讲,我就详细地给大家讲解什么是心理营养,以及我们成年之后该如何给自己补充心理营养。

心理营养这个概念,在心理学界是由我提出来的。它是我对照着"生理营养"的概念创造出来的,因为大家对生理营养比较熟悉,通过这样的类比,更容易帮助大家理解心理营养的含义。

当营养足够时,天性便被激发

我们知道,一个婴儿出生之后,大约四个月大的时候懂得翻身,七八个月的时候可以爬行,一岁之后学会走路,之后陆续掌握奔跑和跳跃。几乎每个孩子都会按照这样的规律成长,这便是我们人类生理上的天性。

那么我想问各位,如果父母想要激发孩子这些生理上的天性,他们需要做什么呢?在课堂上,有的学员回答我说:肯定、赞美和认同。那么请问:如果你不肯定和赞美,孩子就不会走路了吗?还有人会说:陪伴。我反问他:你不陪伴,你的孩子就不会走路吗?

可见,诸如赞美、肯定、陪伴,这些都不是生理天性必需的。当父母想激发孩子生理上的天性时,他们只需要做好一件事,就是给足生理营养——我知道现在的爸爸妈妈都特别厉害,他们清楚记得不同阶段的营养重点,还了解怎么吃最容易吸收。那么,当生理营养足够了的时候,孩子的生理天性自然就发挥出来了,他们会按照生命该有的规律,去翻身、爬行、走路和奔跑。

心理营养也是这个道理。就像翻身、爬行、走路、跑跳一样,孩子在心理层面也具备一些天性。如果父母能够给足他们心理营养，这些心理天性便会自然而然地被激发出来，蓬勃发展。

那么，一个孩子，或者说一个人，都具备哪些心理天性呢？通常来说，我们人类具备五大天性，我把它们称作"五朵金花"。为什么叫五朵金花？因为我们的生命就如同一粒种子，它来到这个世界，在土壤、阳光、空气和水的滋养下，向着天空不断地伸展枝条，延展树叶，最终开出美丽的花——我们的生命是这棵树，我们的天性就是那些绽放的花。

生命中的五朵金花

我们生命的第一个天性，就是我们有爱的能力。所谓爱的能力，就是我们会去爱别人，然后也会让别人来爱我们。既然是天性，就意味着我们从出生便具有爱的能力，而不是后天被人教会的。但是我们在现实中可以看到，有些小孩子从小就不能够爱别人，你叫他对别人好、对别人温暖，他都不会做。这样的孩子，当别人要爱他的时候，他也是拒绝的。这样的孩子，就如同生命的种子缺少了土壤、阳光、空气和水一样，因为他获得的心理营养不够，所以他爱的能力就没有被很好地激发。

我们生命的第二个天性，就是与人联结的能力，也就是我们天然地会跟别人建立人际上的关联。同样，我们也见过有的孩子不会跟任何人联结，他抗拒所有人。当别人想要跟他接触、对他说话，与他互动的时候，他也会跑得远远的。这样的孩子便是失去了与人联结的能力，而最大的原因就是他在成长中心理营养出了问题，就如同大树缺少了阳光或水，没有办法开出花朵一样。

我们的第三个天性，就是价值感。现在很多年轻人，他们吃得很好、住得很好，生活条件优越，还有人爱——尤其是我们华人的家庭，父母都非常重视孩子。但是有一个冷酷的事实是，在所有年龄段里，自杀率最高的就是青少年。我们不禁要问为什么？我想，根本原因，就是他们"价值感"的那一朵花凋谢了。<u>人类什么时候会想自杀？答案就是，当他们觉得自己这个人一点价值都没有的时候。</u>这是我们人类独有的天性，我们需要肯定，需要认可，需要价值感。

我们天性中的第四朵金花，叫作安全感。一个人如果没有安全感，随时担心有意外发生，那么他会整天坐立不安，最终没法在这个世界生活下去。最大的安全感的来源是信任，尤其是自信。当一个人能够相信自己，知道不管发生什么事，只要自己活着就永远有希望，那么他的安全感之花就会一直盛开。而如果一个孩子缺乏安全感，最大的可能也是因为他的心理营养不足。

独立自主，是我们人类天性的第五朵金花。所谓独立自主，就是一个人拥有选择的权利。"我知道我可以选择"这一点非常重要。尤其是对一个孩子而言，如果他不能够独立自主，感觉自己常常要依赖他人的话，那么他就会出大问题。

父母时间

只有你才能给孩子最好的心理营养

孩子在心理上的五大天性——爱的能力，与他人的联结，价值感，安全感和独立自主，之所以被称作天性，因为它们就像孩子的生理天性——翻身、爬行、走路、跑跳一样，是孩子天生就具备的能力，只要外部条件足够，它们会自然盛开。所以，并不是父母教孩子，孩子才懂得爱，要求孩子自信和自主，孩子才懂得追求安全感和独立，而是当父母为孩子提供了足够的心理营养后，孩子自然而然就能开出这五朵金花。

不过，心理营养与生理营养最大的不同在于：生理营养，包括碳水化合物、蛋白质、维生素、水等，无论谁给孩子，孩子都是可以吸收的；但是心理营养不是，一般来说，这种营养只有孩子的重要他人才能够给予，换作别人，效果会打折扣。

那么谁是孩子的重要他人呢？通常来讲，小孩子生命中最重要的人，一定是他的妈妈，其次是爸爸。那么，除了妈妈和爸爸，其他的人能不能给孩子提供心理营养呢？答案是：不一定。或许在孩子将来的生命中，会有祖父母、师长或者恋人，被孩子的心理认同为重要他人，但在天性成长阶段，父母几乎是不可替代的重要他人，也只有父母能够给孩子最好的心理营养。

第15讲
成年人也需要心理营养

上一讲，我们介绍了生命中的五大天性，不过，这并不是说我们人类只有这五种天性。就好像我说翻身、爬行、走路和跑跳是人类生理的天性，但我们人类也不只是具备这几项天性，我们还会翻滚、下蹲等，只不过这几项最为重要。上述五大天性也一样，它们并非仅有，但确实是人类最重要的天性。

既然是天性，它们就不是被培养、被教育出来的，而是被激活的。靠什么激活呢，就是依靠心理营养。

所以现在，我就来给大家详细讲讲心理营养。那些小时候没有从父母那里获得足够心理营养的人，可以学习如何在成年之后给自己补充心理营养。因为只有当一个人的心理营养足够时，他的情绪才能是平和的、稳定的，他的天性也是自然开放的。也就是说，他会变成一个非常有爱，有理想，有安全感，有价值感，并且能够与他人融洽相处的人。

心理营养之一：无条件接纳

所谓的无条件接纳，就比如当我们面对一个小婴儿时，我们看到他什么都不会，不会说话，不会翻身，不能去处理任何问题，他所有的事情都需要依靠别人，而且你也不知道他是否聪明，品格好不好，将来能成为一个什么样的人，但就是在你什么都不知道的情况下，你就接纳他，这就叫作无条件接纳。

那么，当我们想给已经长大的自己心理营养的时候，该怎样无条件接纳我们自己呢？

我们需要做的是，不介意自己做得到底好不好，不介意自己是否善良，不去管自己是不是值得被原谅，而是像面对那个什么都不会的小婴儿一样，完完全全地、不附加任何条件地接纳自己。

那么，我们什么时候需要无条件接纳自己呢？第一，就是当我们做错事的时候。人们很容易接纳做出成绩的自己，接纳不了犯错的自己。但犯错的时候，正是我们给自己无条件接纳，给自己补足心理营养的关键时刻。我们可能是在道德问题上犯了错，也可能是由于能力不够而出了错，总之我们确实做错了事情。在这种情况下，我们不能回避这个错，更不能假装自己做对了，我们要在自己做错的时候，接受这个事实，也全然接纳做错事的自己。

我们每一个人，从小到大不可能不犯错。小时候我们如果犯了错，会被父母批评、责骂、不接纳。现在我们长大了，父母已经不再管我们，反而是我们自己不肯放过自己吗？所以，第一个考验我们是否对自己无条件接纳的时刻，就是我们犯错的时候。我们是不是能够坦诚地承认"我是做错了"，接纳自己犯了错这个事实，也接纳做了错事的自己。注意，这并不是放纵自己去做错，而是我知道我做错了，但是我愿意接受这个事实，接纳我自己。这个需要慢慢练习，因为对于有些人来说，发自内心去承认自己做错了，是很难的。

第二，当我们没有达到自己期待的状态时，我们也要无条件接纳自己。每个人都会对自己有期待，完美主义的人对自己有完美的期待,而非完美主义者也或多或少会对自己有期待。这是人类的天性,也是人类社会可以不断进步、精益求精的原因。但实际上,我们常常达不到自己期待的样子,因为人确实喜欢在头脑中把自己设想到一个比较高、比较强的水平。所以,当你没有达到自己期待的时候,你能不能坦然地面对自己,做到无条件接纳呢?你需要坦然承认,以你现在的水平,确实只能达到目前的状态。你甚至可以告诉自己:以你付出的努力来看,目前达到的水平已经很不错了,只要再努力一点,就可以达到更高的水平。

需要我们无条件接纳自己的第三种情况,就是当我们失败的时候。要知道,失败不是做错。你可能做对了,但还是失败了。比如在竞争当中,你虽然做对了,也做得很好,甚至达到了对自己的期待,但是你的对手比你更好,因此你失败了。那么这个时候,你能不能接纳自己的失败,以及获得失败的自己?

世界上没有常胜将军,人生总会有失败的时候,比如高考,比如婚姻,比如事业。这些人生里的重大事件,我们恐怕都会失败一两次。那么当你失败的时候,你能够坦然接纳吗?你会在失败中继续学习,获得进步,并接受下一次的竞争中还可能失败的事实吗？如果每一次失败，我们都能够接受事实，接纳自己，那就是给自己赋能，给自己提供心理营养，也就会愈挫愈勇，而不是一蹶不振。

还有一种情况，当我们有不良情绪的时候，我们需要无条件接纳自己。不管一个人的修养多么高，情绪管理得多么好，都会有不良情绪出现。前面说过，情绪没有好坏之分，只有让人舒服和不舒服之分，这里说的不良情绪，指的就是让人感觉不舒服的情绪，它也是我们人类与生俱来的一部分。

不良情绪也只是一个信使，来告诉你某件事让你不舒服了。那么，当你出现这种情绪时，比如发了很大的脾气，或者你发现自己强烈嫉妒一个人，甚至是你感觉自己非常憎恨某个人的时候，你可以接纳自己的这种情绪，以及有这种情绪的自己吗？你能不能平静地告诉自己，我正在嫉妒某某人，因为我没有像他一样得到肯定和赞美？

无条件接纳，简单的五个字，做起来其实很难。如果我们能够在自己做错事、达不到自己的期待、遭遇失败，以及怀有不良情绪的时候，坦诚地接纳自己，那么我们就相当于成了自己的好爸爸、好妈妈，给自己一份特别重要的心理营养：无条件接纳。

心理营养之二：重视自己

第二种心理营养，叫作重视。重视什么呢？重视自己，把自己看得很重要。

很多人并不知道自己是很重要的。可是你们知不知道，自从有人类以来——不仅是地球上现存的80多亿人，而且是有人类历史以来，你都是唯一的存在；这个世界从古至今，都没有另外一个生命和你是一模一样的。不要说身高、体重、相貌一模一样，哪怕是用你的细胞克隆了你，那个各方面都跟你相同的人，也依然不是你。因为我们人类不仅有生理层面，还有心理层面、精神层面。所以，<u>你始终是这个世界上独一无二的你</u>。当你去世之后，这个世界上也再也没有任何一个你。因此，我们值得被我们自己重视，"我"这个人的生命只有这一次。

所以，我们要重视自己，包括自己的身、心、灵。那么怎样算对自己重视了呢？那就是，不要事事别人优先，自己都不去争取，因为去争取就意味着我看重自己这个人，我值得拥有，我认为自己的生命，自己的时间，自己的一切都是非常珍贵的。

我们重视自己最简单的方法就是要给自己专属的时

间，把最好的时间用在自己身上。比如说我自己，我在每一年的年尾都会翻开第二年的日程表，然后把里面天气最好、温度最适宜的时间记录下来，把它们留给自己。我通常会用这些时间做一些让自己很开心的事情，比如说去度假。因为我一年到头都很忙碌，如果我不刻意这样做的话，基本没有时间是给自己的，更不要说最好的时间段了。

所以你们看，我不是所有时间都拿来工作，或者是为别人而做什么。同样，你们每个人都可以跟着自己的爱好、自己的习惯，专门给自己留时间。重点就是，你要把自己这个人看成是非常重要的。

除了时间，我们重视自己，也包括重视那些对我们很特殊、很重要的日子，比如说生日。我们真的要把它当回事，因为那一天纪念和庆祝的是自己来到这个世界，而这个世界因为我的缘故而多了一道风景。反过来，很多人对这些重要日子并不放在心上，这体现出他并没有真的珍视自己。

所以，我们重视自己的生命、重视自己的时间，这便是我们该给自己的第二种心理营养。

心理营养之三：安全感

第三种心理营养是安全感。关于安全感，我在原生家庭那一讲里详细讲过，它属于我们"给自己当好妈妈"的部分。当我们想要给自己足够的安全感时，需要去修炼几样东西：第一就是情绪要稳定；第二就是要经营人际关系，这两点都是能给我们安全感的东西；第三点是允许我们去做我们自己觉得害怕的事情，因为每做一次，我们的安全感也就会增加一分。这三点是成年人补足安全感要做的。

心理营养之四：赞美和认同

而第四种心理营养，便是我们"给自己当好爸爸"的过程中，需要补足的肯定、赞美和认同。还记得我建议大家做什么吗？就是每天专门记录下来自己哪些话说得特别好，哪些事做得特别棒，哪些值得我们给自己肯定、赞美和认同。这样坚持下去，逐渐形成一种习惯，慢慢地可以帮助我们提升自我价值感。

心理营养之五：做自己的重要他人

我们能够给自己补足的第五种心理营养，是成为自己的模范，也就是做自己的重要他人。我们做自己的重要他人，前提是我们觉得自己是有价值的。而如果我们能够把自己当作自己的重要他人，那么我们所需要的爱、接纳、重视、赞美等，就都可以自己来做了。

简单来说，只要我们能做到前面四项，那么第五项就是自然而然的事情。因为当我们做到对自己的无条件接纳、自我重视、能够给足自己安全感以及赞美和认同的时候，就表示我们已经成为自己的重要他人，因而也可以成为自己的模范。遇到困难和需求，我们都不再需要向外求，而可以自己给足自己。

做到这些，基本上成年人的心理营养也就补足了。

第 16 讲
看见自己的感受

在前面讲感受的时候,我和大家说过感受有一个特点,就是它必须被看见。因为感受本就是身体和我们的心灵、大脑联结和沟通的方式。身体无法使用语言,只能通过感受,让我们知道发生了什么事情,所以它特别需要被看见。

在这里,我给大家介绍一种看见自己感受的好方法,它来自萨提亚家庭治疗理论的经典工具"冰山",我在增加了自己的诠释之后形成"林文采模式",可以帮助大家更好地看到自己的感受。当然,它需要大家不断地练习和领悟。练习越多,帮助越大。

行为 / 语言 / 情绪

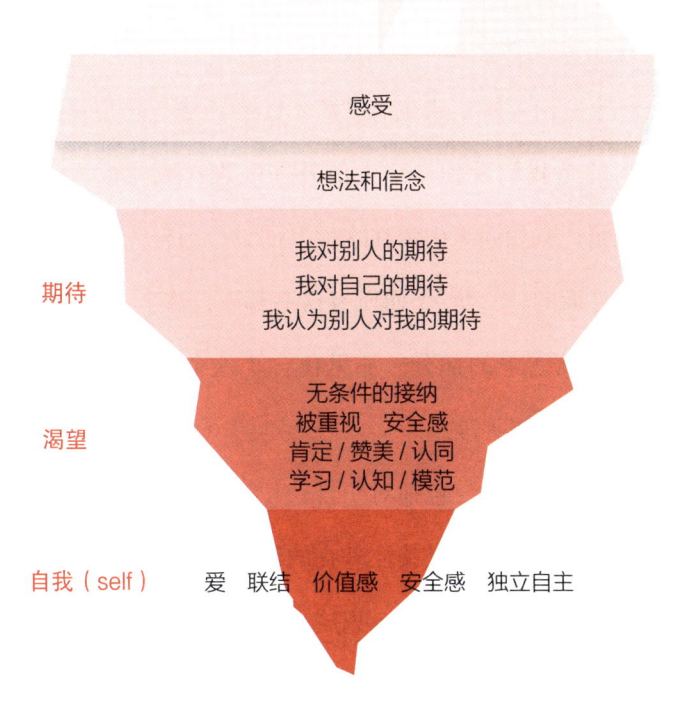

感受

想法和信念

期待
我对别人的期待
我对自己的期待
我认为别人对我的期待

渴望
无条件的接纳
被重视　安全感
肯定 / 赞美 / 认同
学习 / 认知 / 模范

自我（self）　爱　联结　价值感　安全感　独立自主

萨提亚冰山图（林文采模式冰山图）

第三部分　成年人也需要心理营养

水面之上：你的行为、语言和情绪

大家可能都听说过冰山，也看到过冰山图片。它是一块漂在海面上，像山一样巨大的浮冰。我们平常看到的部分，其实真可谓是"冰山一角"。因为水面上的体积再大，也只是整体浮冰的10%左右，而它潜在水下的部分，通常占整体体积的90%左右。

在家庭治疗理论中也有"冰山"的说法。它是一种比喻，指的是我们看到一个人的外在表现，他的行为、语言、情绪，就如同冰山浮在水面上的部分那样，只是这个人露在外面的"一角"，而所有这些都来自这个人的内在，也就是水面之下的部分，那里包含了这个人的感受、想法、期待和渴望等等。

我们看待别人，包括对于自己，都会经常忘记还有水面下的部分，常常只是关注外在的行为、语言、情绪，而忽略了一个人内在的感受、想法、期待和渴望。而"画冰山"则是帮助我们看到自己或他人内在的好方法。

比如说，你发现自己愤怒了，那么你就可以画一个冰山。这个水面上的部分，当然就是你愤怒的肢体动作、表情，以及愤怒时刻所表达的语言。而水面下的部分呢，我们现在就一层一层剥开来看，看看一个人的内在到底都有什么。

水下第一层：感受

我们还是以之前提到过的那个被性侵过的女孩，和那个被霸凌过的男孩为案例。

前面讲过，那个遭受过性侵的女孩表现出来的行为常常是攻击别人，对别人说话非常刻薄，而且经常发怒。而那个被霸凌的男孩，在大家眼里总是很胆小，说话声音也很小，仿佛什么事情都不敢讲。他的状态总是很胆怯、害怕的样子。这些就是他们的外在，而他们两个人心里的感受，也就是他们水面下潜藏着的到底是什么呢？

我们总说，情绪是感受的外显。那个遭受过性侵的女孩，看上去总是很容易愤怒，那么她内心里的主要感受到底是什么呢？是羞耻感。而那个常常被霸凌的男孩，他外显出来的情绪总是紧张害怕，而他内心里的感受是很多被压抑的愤怒。但是他不敢表达，因为一旦他说出来，便会被别人欺负得更厉害。于是他总是对自己说"我不生气，

我不生气，有什么好生气的"，但他内在的愤怒却积得越来越多。

水下第二层：想法、信念和规则

那么，从感受再深入一层，他们的想法或者信念是什么呢？

被性侵过的女孩，通常的想法都是："我已经被玷污了""我不可能有一个美好的人生了""我完蛋了""没人会爱我了"。而被霸凌的男孩，满脑子可能都是对自己的批判："我真没用""我不敢反抗""我真窝囊""我很笨所以人家才会欺负我"……

那么什么是信念呢？我最近接待了一个同样遭受霸凌的男孩子，他跟我说他内心都是爸爸跟他讲的："不要随便去告状，因为老师不喜欢学生告状。"正因为他的头脑里有一个"不能够告状"的信念，所以即使他被欺负了，也不会去告诉老师。这样的信念影响着他的行为，也使他变得越来越懦弱。

有时候，影响行为的不是信念，而是某种规则。这种规则未必是明确说出来的，常常是日常生活里父母无意中灌输给孩子的。比如，有的人家的家规，是小孩子不可以多说话，甚至是小孩最好不要说话。而我们家的家规呢，就是绝对不能跟别人借钱。我妈妈从来没有明确说出过这个规则，但是从她自己的行为，还有她对那些跟别人借钱的人表现出来的痛恨，都让我们做孩子的知道：人是不能够借钱的。

所以，每一个家庭都有自己的规则，有一些从小到大形成的信念，同时每个人也有他当下的想法。这些都会影响到这个人怎样说话，如何做事，会有怎样的情绪状态。

水下第三层：期待

再往下继续挖掘一层，就是期待。如果借助英文来表达的话，就是 I want，我想要。我想要的是什么呢？这里面有我对别人的期待——我希望别人能够给我什么；有我对自己的期待——我希望自己能够做一些什么；还有很有意思的一部分，就是我猜别人对我有什么期待。很多时候，我们认为的那些别人对自己的期待，其实都是我们自己猜的。

我们人类总是有很多期待,因为有这些期待,所以会做出一些可笑、可叹甚至可怕的行为。比如说父母期待孩子的学习成绩好,如果孩子没有达到他们的期待,他们可能会虐待自己的孩子,类似恐吓、打骂、把孩子关小黑屋等。父母之所以会这样做,因为他们有一个信念,认为好的父母养出来的孩子,成绩一定是好的。如果孩子的学习成绩不好,就代表他们自己不好。所以说,对于学习成绩好的期待,是他们对孩子的期待,也是他们对自己的期待,还是他们猜测的别人会对他们的孩子甚至他们自己抱有的期待。而一旦孩子的学习成绩不好,各种期待都落空,他们便会发疯。

所以很多时候,我们的行为、语言和情绪,都受我们内心里的期待的影响。

水下第四层:渴望

期待之下潜藏的,就是我们的渴望。如果说期待对应的英文是 I want 的话,那么渴望所对应的英文就是 I must,

I need，也就是说，它代表着"没有这个我不能活"的程度，这就是渴望。

人类的渴望，有生理层面的也有心理层面的。生理层面的渴望，包括水、食物、空气等；心理层面的，便是心理营养。

人在缺乏心理营养的时候，会做出一些古古怪怪的事情。比如有这样一个小学生，他的班主任跟大家说："各位同学，你们只能在课间休息的时候才可以喝水，不能在老师讲课的时候，就举着水壶在座位上喝水。"结果这个小学生一回到家里就要求妈妈给他买一个特别大的水壶，然后第二天带着大水壶去上学。老师正在讲课的时候，他就突然站起来，举着他的大水壶开始喝起水来。

你们说，他这样做会不会被老师批评？当然会。因为老师特意强调了不要在课堂上喝水，而他非但在课堂上喝水，还故意使用一个特别大的水壶。那么，他明明知道会被老师批评，甚至会被学校处罚，却还要这样做，这是为什么呢？他这个绝不是简单的想要，而是渴望。那么他渴望什么呢？

一般出现这种行为，通常是因为孩子平时缺乏关注，不被重视。他常常觉得他被忽视，但他受不了这种忽视，所以便常常做出一些出格的动作,来引起别人的关注。你越不允许的,他就越要做,因为他需要得到关注。

类似的状况还有"妈妈越忙碌,孩子越吵闹"的现象。你越跟孩子说"妈妈现在很忙,不要来吵我",孩子就越频繁地麻烦你,一会儿是口渴了,一会儿让你看看他画的画好不好,一会儿又让你帮他拿高处的玩具。你有空可以陪他的时候,他不会这么频繁打扰你,偏偏是你越没有空他就越要烦你。那么,你说这个孩子需要什么呢?他需要关注,需要重视。

所以,这些都是心理营养缺乏的表现,是渴望得不到满足引起的行为。比如说,有的孩子很缺别人的接纳,特别渴望别人肯定、赞美和认同他,于是就常常自夸"你看我多厉害""我最厉害",或者故意在人多的时候显示自己的"才能"。有些成年人在社交媒体上求点赞、求抱抱、求关注也是这样的心理。所以,<u>心理营养缺乏会直接影响到我们的行为、语言和情绪</u>。

水下第五层：自我

冰山的最下一层，便是自我的状态。它主要指的是我们生命力的状态，包括我们有没有爱的能力，自我价值感如何，有没有安全感，是否能很好地与他人联结，能不能为自己负责，等等。如果这五朵金花都在自然绽放，那么我们整个人的生命就是有活力的，快乐的，满足的。而缺乏任何一朵金花，我们的生命力都会打折扣，我们相应的行为、语言和情绪也都会受到影响。

画出你的冰山，读懂你的情绪

了解了冰山的概念，我们可以在产生某种感受的时候，通过外显的行为、语言和情绪，以及内在的想法、期待和渴望，帮助自己读懂这种情绪。

比如说，今天你感受到满满的嫉妒，那么我们可以对照着冰山，一层一层解读自己：

行为和语言：我们可以先回忆一下，当你感受到嫉妒的时候都做了什么，有没有讲一些酸溜溜的话，有没有故意去贬低对方——我们有时候体现嫉妒的方式就是寻找对方的缺点之后狠狠地"踩"对方。

情绪：你当时的情绪是什么？除了嫉妒，还有没有其他情绪？有愤怒吗？有恨吗？

感受：感到满满的嫉妒的时候，你身体的哪些部位有反应？胸口觉得闷吗，有没有一股气忽上忽下？喉部有什么感觉，有堵塞感吗？

想法和信念：你脑子里在想什么？"凭什么他比我好？"你的信念是什么？"我比她漂亮，应该选我才对！"还是有别的想法或者信念？

期待：你对自己有期待吗，期待自己比对方好吗？你对对方有期待吗，期待他其实很糟，是吗？

渴望：为什么会这样嫉妒，我在渴望哪些自己没有得到的东西（嫉妒通常与是否得到相关）？

自我：回看上面的这些记录，那么是不是你对对方是没有爱的？你对自己的爱够吗？跟他联结了没有？安全感呢，是不是觉得被比下去，就是自己不够好？自己的价值感呢，会不会觉得比他差就是价值低，或者没价值？嗯，只有独立自主没有受到什么影响。

总结：当我们做完全部的冰山之后，需要给自己一个总结。我们开始的时候可以从简单做起，比如对自己说三句话。还记得我在讲述生命中的创伤事件时讲过的三句话吗？第一句：这件事的发生不是我的错；第二句：我依然是个很值得被爱的人；第三句：我要放过自己，接纳自己。你可以选择你的三句话，做一个总结。

决定：最后，你需要做出一个决定。在处理创伤事件的时候，我会做的决定就是：我要感谢那个童年的自己，他遇到了那件事情还走了过来，然后一年一年慢慢长大了，成了今天的我，他真的很了不起；如果他当时倒下去，也就没有今天的我了。所以，你可以根据你今天的感受和分析，让自己做一个决定。这个决定能不能做到没有关系，你只需要在画冰山之后给自己说三句话和做一个决定。

通常来说，画完冰山之后，你的情绪都会变得比较平和；坚持做下去，你会发现你的情绪将发生很大的转变，变得稳定很多。

第17讲
学习一致性沟通

还记得我们在本书最开始就跟大家强调的吗？我们要为自己的情绪负责，当我们有情绪的时候，我们要负责把自己的情绪和感受讲出来。因为情绪是我们自己的，我们不说，别人就只能去猜。而猜的话，通常都会猜错。

在讲述情绪处理的时候，我也跟大家讲过，舒放情绪的最有效方式之一，就是把它说出来。而当我们说出来的时候，刚好有另外一个人愿意倾听，那么我们不仅能够舒放情绪能量，还能从中得到很大的安慰。

因此，把情绪说出来，是我们完成情绪管理时非常重要的事情。那么，怎样说才做到既清晰又有效呢？这一讲我们来学习的是：一致性沟通。

一致性沟通的四个要素

什么叫作一致性沟通呢？通俗来说就是表里一致，我们把内心里的真实情绪、感受、想法、渴望全部通过清晰、简单的语言讲述出来，心里怎么想，就怎么说。这样，我们就可以表达自己的情绪，舒放自己的情绪能量，同时还可以与孩子、伴侣以及其他人更平和、清晰、有效地沟通。

在这里，我给大家介绍一种一致性沟通的最简单模式，它由四个要点构成。你可以根据自己的讲话风格和语言习惯，替换成自己的语句，但沟通模式里需要包括这四个要点：

第一个要点是讲事实，"当……的时候，我（某人）……"。你首先要告诉对方到底在什么时间、什么地方发生了什么事，让你产生了什么样的情绪。这个过程最怕唠唠叨叨，讲一些无关紧要的枝节，这会让对方丧失听下去的兴趣。所以你要做的就是用简单、清楚明了的话，把事情经过讲出来。

第二个要点是谈感受，便是"我觉得……""我当时的感受是……"。经过前面的讲解以及相应的一些自修练习，你或许已经对自己的感受更加敏感，更加明确你的感受到底是什么。但是，如果你依然不知道如何形容自己的感受，你只需要使用三个字——我觉得"不舒服"就可以了。在谈感受的时候，对方是自己越亲的人，比如我们的孩子、丈夫或妻子、父母等，我们就可以讲得越详细、具体。而对于领导、同事或者其他关系比较远的人，我们就说"我觉得'不舒服'"就可以了。

第三个要点是说出自己的期待或需求，"我希望……"或者"我的期待是……"。在介绍了具体情况以及你的感受之后，你需要告诉对方你的希望，你的期待，也就是冰山里面 I want 的部分。这里要注意，这个期待不能是模模糊糊的，比如"我希望得到你的尊重"。这个太虚了。所以这里尽量不用抽象的字眼，你要明确表达，希望对方具体做什么、怎样做。

关于如何表达具体的期待，我想给大家讲一个案例。有一对夫妻来找我做个案。我问他们婚姻里最常遇到的问题是什么，他们说是期待得不到满足。我请他们每人讲出一个期待，问问对方能不能够做到。那个丈夫马上就说出自己的期待，很具体，也很清楚。而轮到妻子的时候，她无论如何都不肯说，她坚持说她丈夫知道的。我问那个丈夫"你知道吗",丈夫说"不知道",但让妻子说出来,她还是坚持丈夫肯定知道。这样反复了几个来回,后来,在我们的慢慢引导之下,妻子终于说出了她的心思。

妻子说,每天早上丈夫都自己出去吃早餐,根本不问她要不要去,所以她很介意这件事,因为她觉得丈夫不关心她,不爱她。可是丈夫说,他此前问过她很多次,每次她都回答说不想去,所以后来他就不问了。但是没想到,他不问了,妻子却把这件事放在心里了。

所以,这个妻子的期待是什么呢?就是当丈夫要去吃早餐的时候,不管自己想不想去,都要问她一下去不去。就这么简单。然后我问那个丈夫,你听明白了吗?可以做到吗?丈夫讲"当然可以",而且告诉我他记住了,即使妻子每次都说"不要",他也会每天都问一次,因为他已经明白,妻子的期待其实是丈夫在乎自己。我讲这个案例是想告诉大家,请把你的希望、期待清清楚楚告诉对方,不要让对方猜。

一致性沟通的第四个要点,也是最重要的一个要点,就是"我相信……",而在"我相信"这三个字后面跟着讲的话,必须是正面的。也就是说,当我们进行一致性沟通的时候,怀着的心理一定是友好的,可能是为了自己好，可能是为了对方好，当然也可能是为了双方好。所以，一定要用正面的信息来结束沟通。

以上，就是最简单的一致性沟通。大家有没有发现，其实一致性沟通的四个要点，总结起来就是让对方看到自己的"冰山"。我遭遇到的情景，我的真实感受，我对此的想法，我的期待……<u>因为冰山只有我们自己知道，别人是看不到的，所以我们要负责把对方看不到的部分，简单明确地讲出来。</u>当我们把自己的内在用语言表达出来，使它和我们的外在表情、情绪等一致的时候，就是在进行一致性沟通。

表达情绪又不制造冲突

沟通中最重要的是表达自己，但太多人都执着于通过沟通去说服对方。进行一致性沟通，最大的好处就是让我们在沟通中只是单纯地表达自己，这也是我们舒放情绪的一个要点。当对方表示看到了我们的感受时，我们的感受也就能够沉下来了。所以我们要练习和掌握这种说话方式。

我再举个例子。在一次朋友聚会上，一个丈夫当着所有人的面讲"我妻子是个没有什么品味的人"。他的做法让他的妻子很难堪，同时也很生气。那么，这个妻子该怎么使用一致性沟通的模式，让丈夫了解她的感受呢？

如果我是这个妻子，我回到家首先会这样对丈夫说："刚才你在餐桌上，直接对大家说'我妻子是个没有什么品味的人'……"注意，我这里只是在单纯地讲述实际发生了什么，里面不掺杂其他的想法和评判。这是一致性沟通的第一个要素。

接下来是第二个要素，我需要表述我的感受："你当着那么多人的面，说我是个没什么品味的人，我觉得很难受。"在这里，我们使用"很难受""非常不好意思""特别尴尬"都可以，总之就是表达自己的真实感受。如果你找不到合适的词语，就可以简单地说"我觉得很不舒服"。

然后，我说出期待："我希望，如果你真的觉得我什么地方做得不好的话，可以在只有我们两个人的时候告诉我。"看，这便是我的希望，很具体，就是有什么不满意，可以私下说。

最后，是以正面信息收尾的第四要素："我相信，这样的话，我更加能够听进去你的建议。"或者是"我相信，这样子我们两个人的关系会越来越好",当然还可以是"我相信,这样子,我会感受到你对我的尊重。"这便是一次一致性沟通的过程。

其实,我们可以想象,当妻子被丈夫当众批评没什么品味之后,她的心里一定郁闷得不得了。但如果她去指责丈夫的话,两人的关系会越来越不好。而如果他们两个人演变成互相攻击,那会让各自的情绪更加激烈,其他聚会的人也会觉得扫兴或尴尬。所以,这种情况下就要选择既能表达情绪,又不会掉进另一个冲突陷阱的沟通方式,也就是一致性沟通。如果我们能够很好地运用这种沟通方式,会让各种人际关系更加和谐,也会让自己身心舒畅,因为身体里的情绪被舒放掉了。

前些天我遇到一个学生,他当时气愤得不行,甚至想要自杀。因为他的老师狠狠地批评了他,这让他非常难过。我把他安抚下来,让他把事情讲给我听。我听完之后,让他按照一致性沟通的方式,把他的经历、感受、希望和对未来的信心重新书写下来,发送给老师。结果老师看了以后,给了他一个非常积极友好的回应。这个学生觉得自己被老师理解了,难过的情绪也被看到了,一切都解决了。

接纳彼此的局限性

关于一致性沟通,大家还需要理解一个"界限"的概念。一致性沟通想要做得好,就一定要有这个界限的概念。该怎么理解这个"界限"呢?运用我们学到的冰山理论,就是在沟通中要看到彼此的冰山。

首先,我们在与他人沟通的时候,要把自己的冰山——我的感受,我的想法,我的期待以及我的渴望——装在心里面;与此同时,我们也要了解对方的冰山,对方的感受、想法、期待和渴望。在沟通的时候,既要考虑自己的冰山,也要考虑对方的冰山,然后在合适的情境下表达,这样效果才最好。

当我们能够带着自己的冰山去沟通的时,就知道自己是有局限性的,并且接纳这种局限性——我的时间有限,金钱有限,精力有限,能力有限,认知有限。因此,虽然有很多事情都应该去做,但我们可以坦然地面对一个现实,就是"不好意思,我做不到",因为我也有局限。

如果我们能够接纳自己的局限性,应该也就能接纳对方跟我一样,也有其局限性——他的精力、金钱、时间,包括能力也都是有限的。所以,我们彼此都要进行一致性沟通，让对方知道什么可以做，什么不能做，这样的沟通就会更有效。这就是我即便拒绝别人也能够不内疚的原因，我知道我不是万能的，我也有自己局限的部分。

> **⏰ 父母时间**
>
> **怎样对老师使用一致性沟通**
>
> 我们无论是和孩子，还是和学校的老师沟通，都应该考虑一下对方冰山之下的内容，并且使用在沟通当中。
>
> 有一次，我的孩子告诉我他很不开心，因为老师把他辛辛苦苦、认认真真完成的作业，做了很多的批改，他认为老师并不认可他。因此我需要跟老师进行一次沟通。
>
> 我在给老师发信息的时候，首先是这样表达的："老师，我非常感谢你。我看到你有多么用心地批改学生的作业。我看到孩子的作业本上，有的做得好，有的做得不好，但是无论好的还是错的，你都会帮

他修改，你真的是一个非常负责的老师。"我这样说，就是首先肯定老师所做的事情，因为我看到她的冰山，她的期待是希望她的付出能够被看到。而在这之后，我才开始讲述我的情况、我孩子的情况，希望她能够接纳我孩子目前的水平。最后我还会说："老师你是没错的，因为你很认真负责。"

通常来说，这样跟老师沟通就没有什么问题。我们要想做好一致性沟通，一方面是要把四种要素运用起来，再一方面就是要尝试去读一下老师的冰山，当然同时也要读好自己的冰山。这样的话，你的表达就是清晰的，既不会伤害到对方，又很好地表达了自己。

第18讲
人际沟通的层次

人类是社会性动物,所以天生就需要与别人建立联结。而联结,就是沟通的过程。我根据对人际关系和沟通模式的研究,创造了"人类沟通层次"的模型。所谓沟通层次,就是一个没有学习过沟通的人,在遇到陌生人时自然而然会选择的沟通方式。当我们能够把沟通层次做好,与别人的联结就会好,我们的人际关系也会很好。

那么这一讲,我就来跟大家讲讲人类的沟通层次。

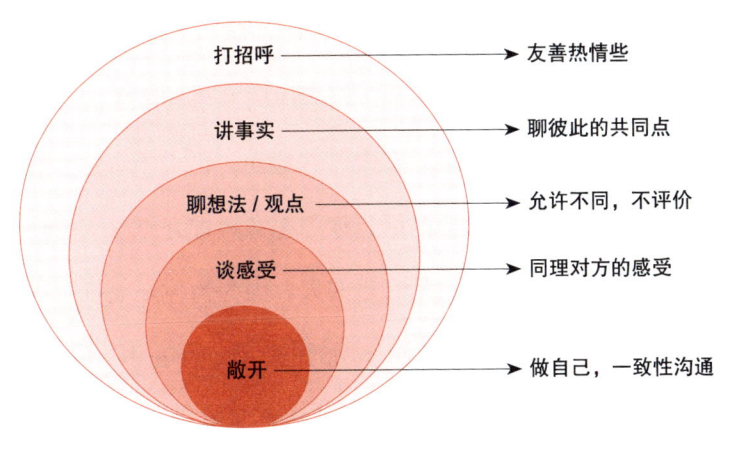

```
打招呼 ————→ 友善热情些
讲事实 ————→ 聊彼此的共同点
聊想法/观点 ——→ 允许不同,不评价
谈感受 ————→ 同理对方的感受
敞开 —————→ 做自己,一致性沟通
```

沟通的五个层次

打招呼：我们相互有兴趣吗

设想一下，两个陌生人初次相遇时，他们会做什么呢？很自然，如果他们互相感兴趣，他们就会互相打招呼。这便是沟通的第一个层次。

不过，人们打招呼的方式并不相同。有些人看到陌生人会微笑，有些人会马上伸出手去握手，还有一些人会通过"Hi，你好"之类的语言，这些都是打招呼的不同方式。

我们再设想一下，如果你的左边坐着一个陌生人，右边也坐着一个陌生人。当你向右边的陌生人微笑时，他马上跟你说"你好，你好"；而当你向左边的陌生人微笑时，他马上把头转过去，双眼盯着地面，再也不看你，那么，如果接下来有机会的话，你更愿意跟谁有更深入的沟通呢？毫无疑问，自然是右边的人。因为当你跟他打招呼的时候，他也表达了想要跟你沟通的兴趣；而左手边的人，一发现你在看他，马上就把眼神转移到地面上，那么他表达的意思就是不打算进行沟通。所以，无论是主动打招呼的人，还是被打招呼后做出回应的人，如果想要建立联结，需要做的就是表现出兴趣。也许是通过一个表情，也许是通过一声问候，总之兴趣很容易就能够表现出来。而不打算建立联结的人，会表现出冷漠、隔膜，那么双方就没有继续沟通的必要了。

那么现在，你邀请右边的人进入到第二层次。

谈事实：找相同点

我们继续发挥想象，当两个陌生人想要继续交谈的时候，会谈一些什么内容呢？换句话说，会以什么话题开场呢？事实表明，除非这两个人另有目的，否则作为一个自然人，他们最顺理成章的沟通方式，一定是：讲事实。什么叫作事实？比如，你叫什么名字，你从哪里来，你来这里做什么，你有孩子吗，孩子几岁了，你有几个孩子……讲来讲去，全部都在讲事实。

而在这个过程中，有一个现象很有趣。如果你喜欢这个人，当他讲述他的事实时，你会拼命地寻找你们在事实上的相同点。也就是说，想要多沟通、多联结的人，他们都会去努力找相同点，然后就会有越来越多的共同话题。但如果你不喜欢这个人，当对方讲到与你相同的事实的时候，你通常不搭话。而一旦他讲到与你不相同的事实，你就会告诉他："哎呀，这一点上我跟你可是完全不一样。"

生活中，很多婆媳相处的模式就是这样子。其实婆婆和儿媳妇的相同点可能很多，但是讲到相同点的时候，她们互相都不搭话。一旦遇到不同的地方，就会马上说"哎呀，你看你切萝卜的方式是这样的，和我完全不一样"，或者说"哎呀，你看你总习惯把刀放在这里，我就不喜欢这样放"。一个人不喜欢你的时候，他整天就喜欢玩找不同。但如果对方喜欢你，他就总是能看到你们的相同点。比如两个热恋中的人，总会讲他们哪里是相同的。

我的老师曾经给我讲过一个真实的故事。他是加拿大人，他的儿子自然也是加拿大人。有一次他儿子坐游轮旅行的时候，遇上一个女孩，他们一见钟情。两个陌生人刚认识的时候，自然先会进入沟通的第一层次，互相打招呼。然后便开始进入"讲事实"的第二层次。

他儿子跟女孩说："我是加拿大人，你是哪个国家的？"

女孩回答说："哦，你是加拿大人呀，我是意大利人。"

男孩马上说："哦，你是意大利人呀，那就太巧了！"请问，巧在哪里呢？意大利和加拿大距离很远的。你们猜这个男孩说巧在哪里，他说："你知道吗，我最喜欢吃意大利面。"

那个女孩一听就明白了。明白什么呢？明白这个男生一定是喜欢自己的，因为当一个人喜欢另一个人的时候，他满脑袋都在找共同点。

所以在沟通中，如果我们要和一个比较陌生的人很快打开话题，或者说能够更快建立亲近感的话，就一定要去找与对方的共同点。很多营销高手准备去谈一个业务之前，会把那些重要客户的资料全都了解一遍，包括他们的兴趣爱好，他们曾经发表的言论、见解，甚至在约这个客户见面的时候，还会故意把一本相关的书放在旁边。他不需要说什么，客户自己就会产生兴趣，会问他："原来你也喜欢下围棋？现在马来西亚喜欢下围棋的人很少了。可是原来你也喜欢呀！"然后他们围绕着围棋的事情聊起来，很自然就会变得很亲切。虽然没有谈具体的业务，但是已经给对方留下一个非常好的印象了。靠的是什么呢？就是相同。这里面还有一个有意思的规律，你们相同的内容越是罕见，越是冷门，相互之间就越容易亲近和感动。

那么，在第二个层次里，当两个人发现彼此有太多相同点，相同的经历，相同的兴趣爱好，相同的价值观，等等，那么就能够进入到沟通的第三层次。

父母时间

怎样沟通不容易被孩子抵触？

萨提亚有一句名言：我们因相同而联结。因为相同的缘故，我们之间可以觉得更加亲切，也更容易接受彼此的沟通。

日常和孩子聊天的时候,你可以告诉孩子:"你知道吗,你现在12岁做的这个事情,跟妈妈当初一模一样,妈妈12岁的时候也是这样做的!"或者是说:"宝贝,你的眉毛是这样的,你看妈妈的眉毛也是这样的。"这些都可以增强你们之间的亲密感。

夫妻相处也是一样,如果你想和对方好好沟通,一定要找相同点。当丈夫展开一个话题的时候,如果你说"哎呀,我跟你的想法一样",这时候丈夫就会很有兴趣听你的想法。但如果你上来就说"哎呀,我可不这么觉得",丈夫可能马上就不想继续谈下去了。所以,如果你想和丈夫谈孩子的教育问题,一定找相同的地方做切入点。

比如说,可以参考这样的表述思路:我们对孩子的爱是一模一样的,你这样爱孩子,为孩子着想,我也是一样的。那么我现在有一个提议,关于怎么教养孩子的一个想法……以这样的方式进行沟通,丈夫相对来说是容易听进去的。

谈想法：我们不同的时候怎么办

可以说，这是一个所有人都逃避不开的层次，也是我们人际关系容易被卡住的地方。在第三层次里，我们沟通的是什么呢？是我们的想法和信念。在这个世界上，没有任何两个人的想法或者信念是完全相同的。

举一个我的实际例子：我的孩子是我一手养大、一路教育过来的。这个过程中我从来没有让别人来帮忙养育他们，而他们成长过程中看的书、接触到的文化也都是我来选择，我来指导的。但是，当他们长到十来岁时，会跟我一样还是不一样呢？肯定不一样了！

所以说，这个世界上，就连自己一手教出来的孩子都跟自己不一样，还能希望谁会跟我们一样呢？可以说，从来不存在这样的人。所以，我们在沟通中，需要做好心理准备，那就是即便是我们最熟悉、最要好的朋友，在某一天、某一件事情上，他的想法和信念也会跟我们大不相同。所以，在谈想法的层面，我们不是再去找相同——因为再相同的人也会有所不同——而是要知道，当我们不同的时候，该怎么办，怎么处理？无论和父母、配偶、子女，还是同学、朋友，人与人之间最大的关卡就在谈不同的时候。

那么,当出现不同的时候,我们该怎么办呢?其实很容易,就是我们允许我们和他不同。当遇到彼此不同的时候,我们要告诉对方:"这一个观点,我和你是不同的。这让我觉得很有趣。"我们还可以告诉对方:"你的这个看法和我的不同,我觉得我可以参考一下。"总之,我们完全不需要尝试让彼此相同,只需要允许不同就可以了。

所以,当我们能够允许不同的存在,尊重不同的存在,甚至觉得不同很有趣、很有帮助、很有启发的时候,我们就过了这个关卡,可以进入沟通的第四个层次。

谈感受:我们能被彼此看见吗?

人类沟通的第四个层次,就是我们整本书一直在讲述的:感受。我想再一次提醒大家,感受需要被看见。所以在沟通的时候,当对方表达完了他的感受、他的情绪,我们需要告诉对方"我听到了你很焦虑""我看到你有很多担心""我知道你现在愤怒了,这是可以的"。当我们向对方表达,我们看到了他的感受,他会觉得我是一个很好沟通的人，是一个值得深交的朋友。就是这么简单。

敞开：我们能够做完整的自己吗？

当我们的感受能够被彼此看见，我们就达到了天性上最想要的东西，也是沟通的第五层次：敞开。那么，敞开到底是什么意思？怎么做算是敞开呢？

敞开，并不是什么话都要跟对方讲，而是当我们在对方面前的时候，能够做一个完整的自己。我们要说什么就可以直接跟对方说，我们不想说的话，只需要简单地告诉对方"我目前还不想说"，而且我们知道自己的想法是能够被对方尊重和接纳的。

所以整体回顾一下，我总结的人类的沟通共分为五个层次：

第一层次：打招呼表示有兴趣；

第二层次：讲事实的时候找相同；

第三层次：想法一定会不同，我只要去接受他跟我的不同；

第四层次：讲感受的时候，马上告诉对方"我看见了"，看见什么就讲什么；

第五层次：你们彼此成为最知心的，能够敞开的朋友。

这样，你们各自对联结的需求都得到了满足，这便是沟通。好的沟通能造就好的人际关系，好的人际关系可以使我们的情绪越来越稳定，安全感越来越足。

结 语

成为一个情绪稳定的人

读完前面的内容,你对"情绪管理"的方法是不是有了大致的了解,对于"成为一个情绪稳定的人",也有了期待?如果你再遇到情绪激动的时候,愤怒到快要爆炸的时候,你已经知道可以怎么做来帮助自己了吗?现在,咱们来共同梳理一下。

认识情绪　接纳情绪

首先,在情绪管理中,我们讲到了关于情绪的三件事:情绪产生能量;情绪是我们为人处事的量表;情绪是我们身体感受的信使。

其次，对于我们感受到的某种情绪，最重要的是，我们需要知道它到底想要告诉我们什么。如果我嫉妒了，嫉妒想告诉我什么？如果我觉得委屈，这个委屈又在告诉我什么？如果我感到特别羞耻，非常愧疚，这份羞耻或者愧疚，是在提醒我什么？

接下来我们要知道，面对自己的情绪，第一件事就是不要去批判它，不要觉得"哎哟，我不该生气的""唉，我怎么这么胆小"。要知道，胆小有胆小的好处，绝望有绝望的价值。绝望的价值是什么呢？它帮助你置之死地而后生，它能够把你觉得很伤心的事情结束。因为我们在某件事上绝望，我们以后的时间和精力才能够用在新的事情上。所以，所有的情绪都是有用的，而我们要学习的就是接纳所有的情绪。

如果有一天我觉得很骄傲，那么我的骄傲一定是有道理的。可惜很多人从小就被教育不要骄傲，所以他们一旦感觉骄傲、感觉自豪的时候，马上就会觉得愧疚。要知道，这种愧疚是没必要的。所以从此以后，请简单地接纳自己所有的感受，因为这些感受只是告诉你当下的感觉而已。

舒放情绪

如果某种情绪让你不舒服，那么你就要做点什么把它舒放出来。首先就是把它说出来，把不舒服的感觉表达出来。在说出来的时候，要记得选择一致性沟通。一致性沟通就是简单地告诉别人自己的冰山，但是在此之前，要先大致了解一下对方的冰山。

冰山是非常好用的一种工具，需要经常练习和学习。当你习惯使用冰山，你会发现你对自己和他人都了解得更多，而知己知彼才能做到更好地沟通，这也是我们进行一致性沟通的基础。所以，当遇到事情的时候，要把自己的感受、需求、期待等都具体地说出来。最后，你还要告诉对方：我之所以愿意跟你这样沟通，是因为我希望你好，希望我好，希望我们都好。就是要表达出善良的、美好的意图。

当然，有些情况可能没办法简单地说出来，或者不管你说什么，对方都处在他的情绪中，难以完成沟通。在这种情况下，你或许只能选择不说。这时候，情绪就会被压在身体里面，我们就需要做些事情来舒放这些情绪的能量。我们要常常想办法舒放身体里的情绪能量。当感到有不舒服的情绪时,我们要告诉自己,我不要浪费自己的生命力来压抑这些能量。

怎样舒放我们的情绪能量呢?情况允许的话,我们要去找那个相关的人,进行一致性沟通。但如果不能够达成的话,我们就要选择其他的方法。一个是画出自己的冰山,再一个是通过文字或语言表达出来,找朋友聊天,或者画画、唱歌、大喊、游戏等方式,把情绪能量从身体里舒放出来。还有一种办法,就是给自己进行"放松—收紧—再放松—再收紧"的机会,比如参加竞赛类的活动。活动结束后,你会发现整个身心都轻松很多。

我们一定要记得,情绪会产生能量。如果能够运用这些能量,那我们就是情商高手。如果我们不能够用掉它,就要想方设法把它放出去。

如果你的一个朋友告诉你"我有一件很难很难的事情要跟你说",只要你有时间的话,请尽量去倾听对方。因为倾听就是爱,就是看到,你对一个人最大的爱就是当他有很多情绪的时候,你愿意坐在旁边安静地听他说,不批评,不建议,不指导,只是去倾听。倾听是爱,也是治疗,能够带给对方很大的疗愈。

如果不能说出来的话,那么就找其他的方法,比如画画或者写情绪日记。我从少女时期开始就天天写日记，一写就写了十多年，天天写，没有中断过。这件事毫无疑问是帮助我平稳情绪的好办法。我不需要耗费那么多的生命力去压制我的情绪，而是通过文字来帮助自己调整情绪。

我教过大家通过打卡的方式舒放情绪能量。你可以打21天，或者49天，或者105天的卡，每天写一张情绪文字，或者记录今天发生的小事情。还记得我讲过的萨提亚做的那个真实案例吗？那个遇到过严重创伤事件的孩子，就是靠着每星期写一个剧本的方式，把整个情绪全部舒放了出来。

SOS 时刻

在这里，我跟大家分享一个 SOS 方法。

什么叫作 SOS 呢？就是当你不小心累积了很多的情绪，又来不及去舒放它们，而现在遇到一件事，你感到整个人的气血在往上冲，甚至脑袋里面一片空白，你感觉自己快要爆炸了，很可能就要去做危险的事情了……这种时刻就叫作 SOS，也就是紧急状态。那么，这种情况下你可以做什么呢？

这时候你要做的就是：离开现场。很神奇的是，当你在这个现场时，你感到气往上冲，整个人都要发疯了，但只要你离开这里，很可能是一走出门，你的气慢慢地就自然消除了。离开现场，是紧急快速地降低自己情绪值的一个方法。

当然，在 SOS 时刻过去之后，你需要给自己画一个冰山，可能还需要找一个人把这件事讲出来，或者是去打沙包、做运动，把那份能量舒放掉。但是在发生危机的当下，最好的方法就是离开。

我的一个做 CEO 的朋友告诉我，有一次他的公司开股东会，会上每一个股东都把他批得一文不值，没有人问他是怎么想的、为什么会这样做，只是一个接一个地狠批他一顿。他觉得很冤枉，因为明明自己做了很多，但是没有人问他。他忍啊，忍啊，但明显感觉快要压不住自己的情绪了。但是他知道，他不能够在那样的场合失控。于是，他大胆地做了一件事，就是突然站起来，跟各位股东说："你们的话我都听到了，我感觉我的情绪非常大。请允许我到外面冷静五分钟，五分钟后我回来，跟大家汇报我们公司的情况。"说完，他就走了出去，真的出去了五分钟。

五分钟之后,他自己的情绪平和了很多,回到会议室时发现股东们的情绪也平和了,整个气氛都改变了。

我知道,他的做法很有效。但是我更佩服他的勇气,他可以做出这个决定并且告诉现场每个人。还记得法官的话吗?谁要为你的情绪负责呢?只有你自己。否则的话,如果发生了一些破坏性的、不可挽回的事情,买单的人依然是你自己。

当然,也有一些情况,尤其是在工作场合,你非常激动,但是你知道自己不能够走出去,因为你的老板不允许你走出去,或者在他看来你走出去就代表反对和叛逆。那么这种情况,你可以怎么做呢?

我来给你另外一种方法,叫作"数颜色"。怎么数颜色呢?就是你看着面前这个激起你的情绪、但又不会允许你走开的人,你从他的头发开始看起——头发是不是全部黑发,还是有一些不一样的颜色——然后看他的脸色,他眼睛的颜色,皮肤的颜色。再继续,他今天穿什么颜色的衣服,打什么颜色的领带,裤子是什么颜色,袜子和鞋又是什么颜色……就这样从头开始一点点数下来。

记得,一定是从头开始。因为当你从头逐步向下看的时候,很奇怪,你的情绪很自然就会慢慢平静下去。看的过程中，要把注意力专注在颜色上，不用去听他在说什么。但因为你一直在看着他，他会以为你很专心。就这样从头看到脚，一般来说你的气也就沉下来了。

当然，这只是你在紧急情况下帮助自己不要做傻事的方法。事情过去之后，你还是要给自己画冰山，写情绪日记，帮助自己做真正的舒放。

做自己的好父母

以上的部分都属于情绪管理的范畴。但是我们讲过，仅仅是学会情绪管理，你还会发现你有很多情绪。所以，这个时候你需要花时间去学习，或者找心理咨询师，帮助你处理和父母的关系。因为一个人如果和父母之间存在很多纠结的话，他的心、他的情绪都是无法安静下来的。一般来讲，父亲影响我们的自我形象，母亲则影响我们的安全感。

在处理完与父母的关系之后，如果自己的情绪还不稳定，那么就要看我们的生命中是不是有过些创伤事件。既然被称作"创伤"，那么就必然需要治疗。我在本书中教给大家了一些方法来给自己的心做简单的包扎和止血处理。

全部做完之后,如果觉得情绪还是不够稳定,那么就要去做第四件事,做自己的好爸爸或者好妈妈。所有那些父母在心理上给得不够的地方,特别是心理营养的部分,你来自己滋养自己。如果你能够常常自己滋养自己、鼓励自己、肯定自己的话,终有一天,你会成为一个能够掌控自己、管理自己情绪的人。

在此,我先祝福大家,学完这一系列的情绪管理课程后,你会成为一个情绪稳定的人,能够自己帮助到自己,并且帮助到所有你爱的人和爱你的人。

祝福你拥有自由自在、幸福快乐的生活!